岩 波 文 庫

33-949-1

熱 輻 射 論 講 義

マックス・プランク著
西 尾 成 子 訳

岩 波 書 店

Max Planck

VORLESUNGEN ÜBER DIE THEORIE
DER WÄRMESTRAHLUNG

1906

まえがき

　本書は，私が1905/06年の冬学期にベルリン大学で行なった講義の主な内容の再録である．10年前に始めた私自身の熱輻射理論についての研究結果を1つの関連のある記述にまとめることが，はじめの私の意図であった．しかし，すぐに，放出能と吸収能についてキルヒホッフの法則にはじまるこの理論の基礎も議論にとり入れることが望ましいということが分かった．そこで，私は，同時に，首尾一貫した熱力学的基礎に基づいた輻射熱の全理論の研究への入門に役立ちうる教科書を書こうとした．それに対応して，簡単でよく知られた光学の経験法則から出発して，徐々に拡張し，電気力学と熱力学の結果を付け加えることによって，エネルギースペクトル分布と非可逆性の問題に進むという記述をとった．その際，私は，客観的なあるいは教育的な理由から当然と思われるところでは，しばしば，通常の考え方からそれてしまった．とくに，キルヒホッフの法則の導出，マクスウェルの輻射圧の計算，ヴィーンの変位則とその任意のエネルギースペクトル分布の輻射への一般化において，私自身の研究結果を，すべての対応する個所に，手を加えて書き入れた．一層詳しく参照し調査するのに便利なようにこれらのリストを巻末にまとめた．

　この場所で，とくに次のことを強調するのは重要である．

それは，本書の最後の節で詳しく述べてあることなのだが，ここで展開される理論は，エネルギー輻射の過程を分子運動の過程と同じ観点からみるためのひとつの進みうる道を開いたものと私は信ずるが，決して完成されたものであると主張しているのではないということである．

　　ミュンヘン，1906 年復活祭　　　　　　　　　著　者

目　次

6

●数式中の欧字について

本書の数式中には「フラクトゥール体」という字体の欧字が
あらわれる．本書で使われているフラクトゥール体の欧字に
ついて対照表を掲げておく． （岩波文庫編集部）

フラクトゥール体	ローマン体
𝔄	A
𝔅	B
𝔈	E
𝔉	F
𝔥	H
𝔍	J
𝔎	K
𝔏	L
𝔑	N
𝔖	S
𝔗	T
𝔞	a
𝔟	b
𝔠	c
𝔰	s
𝔲	u

第 1 部
基礎的事実と定義

第1章　一般論

　§1　熱は静止媒質中を2つの全く異なる仕方，すなわち，伝導と輻射とによって伝播しうる．**熱伝導**は，それが起こる媒質の温度，特に温度勾配の大きさで測られる温度の空間分布の不均質性によって規定される．媒質の温度が場所によって変わらないような領域では熱伝導はみられない．

　それに対して，**熱輻射**は，それが通過する媒質の温度に全く依存しない．それで，一定温度0℃の氷の収束レンズに太陽輻射線を通して焦点に集め，可燃性物体を発火させることもできる．一般に，熱輻射は熱伝導よりはるかに複雑な現象である．それは，媒質のある定まった点での定まった瞬間の輻射状態が，伝導による熱流のように1つのベクトル，すなわち，1つの方向をもった量によって特徴づけられないからである．ある定まった瞬間に媒質の一定点を通る熱輻射線ははじめからすべて互いに完全に独立であって，輻射状態を完全に知られたものとみなすためには，1点から出ていく無数の空間的方向のすべてについて輻射の強度を知っていなければならない．その際，2つの正反対の方向を別々に数える．一方への輻射は他方への輻射に全く依存しないからである．

§2　さしあたり，詳しい熱輻射論に立ち入らないで，多くの経験によって確証されているように，熱輻射線は純粋に物理的にみてそれに相当する波長の光線と同じものであるという事実を用いよう．そして「熱輻射」という言葉を，全く一般的に，光線に分類されるすべての物理現象に対して用いよう．したがって，光線はすべて同時に熱輻射線でもある．また，ときには，簡単のために，波長あるいは振動周期を表わすために，熱輻射線の「色」と言うこともある．したがって，また，光学から知られるすべての経験法則，とりわけ，伝播，反射，屈折の法則を熱輻射にも適用する．回折現象だけは，その複雑な性質を考えて，少なくとも大きな広がりの領域で起こる限り考慮しない．したがって，考察する空間に関して，はじめから特定の制限を導入せざるをえない．すなわち，以下では常に，考察する空間の広がりと，考察する面の曲率半径とが，すべて，考察する輻射線の波長に比べて大きいものと仮定される．これによって，境界面の形によって引き起こされる回折の影響を全く無視することができ，そうすることによって認められうるほどの誤差は生じない．そして，あらゆるところで，通常の光学の反射，屈折法則が適用できる．したがって，これで，物体の大きさと波長という大きさの程度の全く異なった2種類の長さを厳密に区別することになる．また，物体の大きさの微分，すなわち，線要素，面要素，体積要素も，つねに，それらに対応する波長のベキに比べて大きいものとみなされる．したがって，長い波

12

長の輻射線を考えようとすれば，それだけ大きな空間を考え
ねばならない．しかし，空間の選択についてその他に制限が
ないから，このとりきめからさらに何らかの困難が生じるこ
とはないであろう．

　§3　熱輻射論全体にとって，長さの長短の区別以上に本
質的なのは，時間間隔の長短の区別である．なぜなら，熱輻
射線の強度の定義は，単位時間に輻射線によって伝達される
エネルギーであり，時間の単位が輻射線の色に対応する振動
周期に比べて長くなるように選ばねばならないという仮定
を暗に含んでいるからである．もしそうでなかったら，明ら
かに輻射強度の値は一般に振動のどの位相から輻射線によっ
て伝達されるエネルギーを測定し始めたかということに依存
し，一定の周期および振幅の輻射線の強度は，たまたま時間
の単位がその周期の整数倍であるときを除いて，初期位相に
依存することになる．この困難を避けるために，全く一般的
に，時間の単位，というよりむしろ輻射の強度の定義の基礎
となる時間が，たとえそれが微分の形で現われても，輻射線
に含まれるすべての色の周期に比べて長くなければならない
と仮定せざるをえない．

　この仮定から，強度の変化する輻射に関して重要な結論が
導かれる．たとえば，強度が周期的に変動する場合，音響学
におけるように，強度の「うなり」について言うなら，輻射
の瞬間的な強度を定義するために必要な時間は当然うなり

の周期に比べて短かくなければならない．しかし，その時間
は，以前に述べたことから，振動周期に比べて長くなければ
ならないから，うなりの周期は振動周期に比べて長くなけれ
ばならないことになる．この条件が満たされていなければ，
うなりと振動とを厳密に識別することは全く不可能であろ
う．同様に，輻射強度が任意に変化するような一般の場合，
振動は強度変化に比べて常に非常に急速に起こらねばならな
い．むろん，これらのとりきめには，考えるべき輻射現象の
一般性に関して，ある非常に本質的な制限があるということ
は明らかである．

　ここで，気体分子運動論において，化学的に単純な気体に
おける運動を可視的な粗い分子集団と不可視的な微細な分
子の運動とに区別するときにも，よく似た同様に本質的な一
般性への制限が課されていることに気づくであろう．という
のは，個々の分子の速度は完全に個別的な量であるから，十
分小さな体積に含まれる分子の速度成分がその体積の大きさ
に依存しない一定の平均値をもつという仮定——このことは
一般には決してそうである必要はないのだが——のもとでの
み，この区別はなされるからである．そのような平均値——
零という値も含める——が存在しなければ，気体の可視的運
動と熱運動とを区別することはできない．

　静止していると仮定されている物体系のなかで，輻射現象
がどのような法則にしたがって起こるかという問題に目を
向けるならば，その問題には 2 つの異なった方面から接近

することができる．すなわち，空間の1点に注目し時間の
経過とともにその1点を通過するさまざまの輻射線を問題
にするか，あるいは，1つのきまった輻射線に注目しその経
歴，すなわち，その発生，伝播，消滅の経過を問題にするか
である．以下の記述には，後者の扱い方から出発し，いま述
べた3つの過程を別々に順に考察するのが便利であろう．

§4 放出 熱輻射線を発生させる作用を通常，「放出」と
いう．エネルギー保存原理に従うと，放出は常に他の形のエ
ネルギー（物体熱，化学的エネルギー，電気的エネルギー）を
費やすことによって起こる．したがって，幾何学的な空間や
表面ではなく，物質粒子のみが熱輻射線を放出することが
できる．確かに，簡単のために，物体の表面が外に熱を放射
するとよくいわれるが，この表現の仕方は表面が熱輻射線を
放出するという意味ではない．厳密にいえば，物体の表面が
放出するのではなく，むしろ物体の内部から表面にきた輻射
線のうち一部を外に通過させ，一部を内部に反射する．そし
て，通過する部分が多いか少ないかによって表面が強く，あ
るいは弱く放射するようにみえるのである．
　ここで，物理的に均質な放出物質の内部に大きさ $d\tau$ のあ
まり小さすぎない体積要素を考えよう．そうすると，この体
積要素中に存在するすべての粒子によって単位時間に輻射
として放出されるエネルギーは $d\tau$ に比例するであろう．放
出過程をさらに詳しく分析しそれを要素部分に分解しよう

すると，いずれにせよ非常に複雑な状況に出合うことになろう．なぜなら，そのときには非常に小さな大きさの空間を考察しなければならないので，もはや物質を均質だとみなすことができず原子論的構造を考慮しなければならないからである．それゆえ，体積要素 $d\tau$ から放出される輻射をその要素 $d\tau$ で割ることによって得られる有限の量は，一定の平均値とのみ，みなされるべきである．しかし，それにもかかわらず，通常，あたかも体積要素 $d\tau$ のすべての点が一様に放出に関与しているかのように，放出過程を扱うことができる．その結果，$d\tau$ 内部のすべての点はあらゆる方向に出ていく輻射線ビームの頂点となる．これは計算のためにはたいへん便利である．そのような 1 点から出ていくビームの 1 つは，もちろん，有限のエネルギー量を表わすわけではない．なぜなら，有限のエネルギー量は常に有限の体積の点からのみ放出されるからである．

　さらに，物質を等方的であると仮定しよう．そうすれば，体積要素 $d\tau$ からの輻射は空間のあらゆる方向に一様に放出される．すなわち，要素内の点から任意の円錐内に放出される輻射は，その円錐の開口に比例する．開口は，円錐の頂点を中心として描かれた半径 1 の球によってその円錐が切りとられる面の大きさによって測られる．これは任意の大きさの円錐の開口について成り立つ．円錐の開口として大きさ $d\Omega$ の無限小のものを考えるとき「きまった方向に」放出される輻射を考えることができる．ただし，有限のエネルギー

量の放出には有限の円錐開口を形成する無数の方向が必要で
あるという意味においてである.

§5 放出される輻射は, はじめ全く任意のエネルギーの
スペクトル分布をもつであろう. すなわち, その輻射におい
てさまざまの色は全く異なった強度をもちうるであろう. 輻
射線の色を表わすために実験物理学では通常その波長 λ を
用いる. それは最も直接的に測定される量だからである. 他
方, 理論的取り扱いでは, 波長の代りに単位時間内の振動数
ν を用いる方が便利なことが多い. なぜなら, 一定の光線あ
るいは熱輻射線の色は, 媒質によって変化する波長によるよ
りも, むしろ, あらゆる媒質中で, 少なくとも媒質が静止し
ている限り, 不変のままでいる振動数によって特徴づけられ
るからである. したがって, 以後, 一定の色をそれに対応す
る ν の値によって, また一定の色の区間をその区間の境界
(または端点) ν および ν′ (ただし, ν′>ν) によって表わす
ことにする. 一定の色の区間内にある輻射をその区間の大き
さ ν′−ν で割ったものを ν から ν′ までの区間の色の平均輻
射とよぶ. そして, ν を一定に保って差 ν′−ν を十分小さく
とりそれを dν と等しいとおくと, 平均輻射の値はその区間
の大きさ dν に依存しない一定の極限値に近づくであろう.
それを簡単に「振動数 ν の輻射」とよぶことにする. 有限
の輻射を得るためには, 明らかに, 振動数区間も非常に小さ
いとはいえ有限でなければならない.

　最後に，放出される輻射の偏光の状態を考慮せねばならない．媒質を等方的とみなしたのであるから，すべての放出輻射線は偏光しておらず，したがって，どの輻射線も，たとえばニコルプリズムを通すときに得られる直線偏光成分の強度の2倍の強度をもつ．

　§6　これまで述べてきたことをまとめると，体積要素 $d\tau$ によって要素円錐 $d\Omega$ の方向に時間 dt に放出される ν から $\nu+d\nu$ までの振動数区間内の全エネルギーとして，

$$dt \cdot d\tau \cdot d\Omega \cdot d\nu \cdot 2\varepsilon_\nu \qquad (1)$$

とおくことができる．有限量 ε_ν は媒質の振動数 ν に対する「放出係数」とよばれる．これは ν の正の関数で，きまった色と方向をもった直線偏光した輻射線に対応する．体積要素 $d\tau$ の全放出はこの式をすべての方向とすべての振動数について積分することによって得られる．ε_ν は方向に依存せず，すべての要素円錐 $d\Omega$ についての積分は 4π であるから，

$$dt \cdot d\tau \cdot 8\pi \int_0^\infty \varepsilon_\nu d\nu \qquad (2)$$

となる．

　§7　放出係数 ε は，振動数 ν ばかりでなく体積要素 $d\tau$ に含まれる放出物質の状態にも依存し，しかもその依存の仕方は，一般に，問題の時間要素内にその空間で起こる物

理的化学的過程によっては非常に複雑になる．しかし，物体
要素からの放出はその要素内で起こる過程にのみ依存する
という経験法則が一般に成り立つ（プレヴォの理論）．100℃
の物体 A は，0℃ の物体 B にも，同じ大きさの同じように
おかれた 1000℃ の物体 B′ にも，正確に同じ熱輻射を放出
する．物体 A が B によって冷やされ，B′ によって温められ
るということは，単に，B が A より弱い放出体であり B′ が
A より強い放出体であるという事実の結果である．

　さらに，放出物質の化学的性質は不変でその物理的状態は
1つの変数すなわち絶対温度 T のみに依存するという簡単
化のための仮定を，以下のいたるところで導入しよう．そ
の結果，必然的に，放出係数 ε も，振動数 ν と媒質の化学
的性質による以外は温度 T にのみ依存することになる．こ
のことによって，蛍光，燐光，電気的あるいは化学的発光と
いわれ，一般に E. ヴィーデマンが「ルミネセンス」と名づ
けた多くの輻射現象は，ここでの考察から除外される．むし
ろここでは純粋の「温度輻射」のみが扱われる．エネルギー
保存原理に従えば，温度輻射の際，放出は完全に物体熱を費
やすことによって起こり，したがって，他の形のエネルギー
が補給されない限り，それは放出物質の温度降下をもたら
す．その温度降下は放出されるエネルギー量と物質の熱容量
とによってきめられる．

　　§8　伝播　放出された輻射は，回折現象が完全に度外視

されるから(§2)，均質で等方的で静止していると仮定され
ている媒質中ではあらゆる方向に同じ速さで直線的に伝播
する．しかし，一般にどの輻射線も伝播の間に，絶えずエネ
ルギーの一定部分がはじめの方向からずれてあらゆる方向
に散乱されるために，ある程度弱められる．この「散乱」現
象は，輻射エネルギーの生成や消滅を意味するのではなく単
にその分布の変化を意味するものであって，原理的に，絶対
的な真空以外のすべての媒質において，たとえばそれが化学
的に完全に純粋な物質中でも起こるものである*1．それは，
どんな物質も絶対的な意味で均質ではなく，微小な領域にお
いてそれらの原子論的構造によって規定される不連続性を
示すからである．たとえば，ちりのような異質の微粒子があ
ると，それは媒質の特質には本質的な影響を与えないで散乱
効果を促進する．異質の成分を含むような，いわゆる「不透
明」な媒質も，その異質粒子の広がりと隣り合った粒子間の
距離とが，考えている輻射線の波長に比べて十分小さくさえ
あれば，光学的に均質であるとみなして全くさしつかえない
からである*2．それならば，光学的な現象に関して，化学的に
純粋な物質といま述べた不透明な媒質との間には何ら根本的
な区別はない．純粋な真空のみが絶対的な意味で光学的に空
である．したがって化学的に均質な物質も，分子の存在によ
って濁らされた真空と言うことができる．

　散乱現象の典型的な例は大気中での太陽光の振舞いであ
る．晴れた空で太陽が天頂にあるとき，太陽からの直接輻射

のうち約 2/3 だけが地球表面に到達する. あとは大気中で
妨害される. 一部は吸収されて空気の熱に変わるが, 一部は
散乱されて空の散乱光に変わる. その際, 空気分子だけが役
割を演ずるのか, それとも大気中の懸濁粒子も何らかの役割
を演ずるのか, そうだとすればどの程度なのか, ということ
はまだ十分な確実性をもってきめられていない.

散乱という作用がどのような物理過程によるのか, 分子ま
たは粒子による反射, 回折, 共鳴作用によるのかということ
は, ここでは完全に未定のままにしておける. ただ次のよう
に言うことにする. 媒質内を進む輻射線はそれぞれその進路
の非常に短かい線分 s を通るとき散乱によってその強度を

$$\beta_\nu \cdot s \qquad (3)$$

だけ減ずるだろう. ここで, 輻射強度に依存しない正の量
β_ν を媒質の「散乱係数」とよぶ. 媒質は等方的とみなされ
ているから, β_ν は輻射線の方向にも偏光にも依存しない.
それに対して, β_ν は媒質の物理的化学的性質ばかりでなく,
添字 ν がすでに示しているように, 振動数にもかなりの程
度依存する. ν の値によっては輻射線の直進がもはや問題
にならないほど β_ν の値が大きくなることもありうる. しか
し, それ以外の ν の値では β は非常に小さくなって, 散乱
が全く無視されることもある. 一般性のためにここでは β
を平均的な量とみなそう. 最も重要な場合, β は ν の増加
とともにかなり急激に増大する. すなわち, 短波長の輻射線

ほど散乱が著しく増大する*3. 空の散乱光の青色もそのためである.

　散乱された輻射のエネルギーは, 放出された輻射が放出点から伝播するのと同様に, 散乱点からあらゆる方向に, 前方にも側方にも後方にも伝播する. ただし, すべての方向に等しい強度で伝わるのではない. またそれは偏光していないわけではなく一定の方向性をもつ. その際, 当然はじめの輻射線の方向が重要な役割を果たす. しかし, ここではこれらの問題にさらに立ち入る必要はない.

　§9　散乱現象が媒質内を進む輻射が絶え間なく受ける変化であるのに対し, 輻射線が媒質の境界に達し他の媒質——この物質も均質で等方的とみなされるのだが——の表面に入るとき, その強度も方向も突然変化する. この場合, 一般に, 輻射線のある程度の部分は反射し, 他は透過する. 反射および屈折は, 簡単な反射法則およびスネルの屈折法則にしたがって一定の反射輻射線および一定の屈折輻射線の現われる「規則的」なものになるか, あるいは, 輻射が表面からさまざまな方向にさまざまな強度をもって両方の媒質中に拡がる「散乱的」なものになるかである. 第 1 の場合, 第 2 媒質の表面を「滑らかな」と言い, 第 2 の場合「粗い」と言う. 粗い面で起こる散乱的反射と不透明媒質の滑らかな表面での反射とは区別されるべきである. どちらの場合も, 入射輻射線の一部は散乱輻射として第 1 媒質にもどる. し

かし，第1の場合には散乱は表面で起こり，それに対して第2の場合にはもっぱら第2媒質の内部で，多かれ少なかれ深い層で起こる.

§ 10 滑らかな面が，たとえば多くの金属の表面の場合が近似的にそうであるが，入射輻射線をすべて反射するとき，それを「鏡面的」と言う．他方，粗い面が入射輻射線をすべて完全にあらゆる方向に一様に反射するとき，それを「白い」と言う．反対の極端な場合，すなわち，媒質の表面が入射輻射線をすべて完全に透過するような場合は，2つの互いに接している媒質がいたるところで光学的に異なるかぎり，滑らかな面では起こらない．すべての入射輻射線を透過し少しも反射しないような性質をもつ粗い面を「黒い」と言う.

黒い面のほかに黒体という言葉も用いよう．G. キルヒホッフ*4 に従って，物体がその表面に入射した輻射線を反射せずにすべて吸収しそれを再び外に出さないような性質をもっているとき，それを黒体と言う．したがって，物体が黒いためには，3つの異なる互いに全く独立の条件が満たされねばならない．第1に，その物体は，すべての入射輻射線が反射しないで侵入するように，黒い表面をもたねばならない．表面の性質は一般に境界で接する2つの物質によって影響されるから，この条件は，黒いという物体の性質がその物体の固有の性質にばかりでなく，それに接する媒質の性質

にも依存するということを示している．空気に対して黒い物体がガラスに対してもそうである必要はないし，その逆も同様である．**第 2** に，黒体に入った輻射線が表面のどこか別の所から再び外に出られないように，黒体は少なくとも吸収力の程度に応じて選ばれる一定の厚さをもたねばならない．物体が強く吸収するほど，厚さは薄くてよい．それに対して，無視できるほど小さい吸収能をもつ物体は，それが黒いと言われるためには，無限に厚くなければならない．最後に**第 3** には，黒体は無視しうるほど小さい散乱係数(§8)をもたねばならない．さもないと，とり入れられた輻射線は内部で部分的に散乱され再び表面から出ていくであろう[*5]．

　§ 11　上の 2 つの節で述べた区別や定義はすべて一定の色の輻射線についてのみ言っている．たとえば，ある種の輻射線に対しては粗い面も，別の種類の輻射線に対しては滑らかであるとみなされることがある．容易に分かるように，一般に表面は輻射線の波長が長いほど粗さを減ずる．滑らかで反射しない表面は存在しないから(§10)，実際につくられる近似的に黒い表面(ランプのすす，白金黒)はすべて十分長い波長の輻射線に対して著しい反射を示す．

　§ 12　**吸収**　熱輻射線の消滅は「吸収」の作用によって起こる．エネルギー保存原理によると，その際，熱輻射線のエネルギーは他の形のエネルギー(物体熱，化学的エネルギ

一)に変わる．したがって，簡単のためにしばしば表面が吸収すると言われるが，熱輻射線を吸収できるのは物質粒子のみであって表面要素ではないと結論される．すでに前に明確に述べたように（§7），ここでは状態が温度にのみ依存するような物質に限られているから，吸収された輻射エネルギーは単に物体熱にのみ寄与し，物質の比熱と密度に対応する温度上昇に使われる．

　吸収の過程は，考察している媒質中を進む熱輻射線がそれぞれその進路の一定の径路を進む間にその強度の一定部分を弱めるという点に現われ，実際に十分短かい径路 s に対してその部分はその径路の長さに比例する．それを

$$\alpha_\nu \cdot s \tag{4}$$

に等しいとおき，α_ν を振動数 ν の輻射線に対する媒質の「吸収係数」とよぶ．吸収係数は輻射強度に依存しないと仮定する．それに対して，一般に α_ν は，不均質で異方的な媒質に対しては，場所，方向ばかりでなく輻射線の偏光の仕方にも依存する（たとえば，電気石）．しかし，ここでは均質で等方的な物質のみを考察しているので，α_ν は媒質のすべての場所，すべての方向に対して同じ大きさで，振動数 ν，温度 T，媒質の化学的性質にのみ依存すると仮定してよい．

　α_ν がある限られたスペクトル領域でのみ零以外の値をもつとき，その媒質は「選択」吸収能をもつ．$\alpha_\nu = 0$ でかつ散乱係数 $\beta_\nu = 0$ であるような色に対して，媒質は「完全に

透明」あるいは「透熱的」である．しかし，選択吸収性および透熱性はきまった媒質に対して温度とともに著しく変化する．一般に α_ν は平均的な量とみなされる．それは 1 波長に沿っての吸収が非常に小さいということを意味する．なぜなら，径路 s は，短いかもしれないが，多くの波長を含んでいるからである（§2）．

§ 13　必要な定数が知られているとき，一定の初期条件，境界条件のもとで，ここで考えている種類の 1 つあるいはいくつかの互いに接する媒質中での輻射過程の時間的経過全体を，それによる温度変化をも含めて，数学的に追求するためには，熱輻射線の放出，伝播，吸収についてのこれまでの考察で十分である．確かにそれは非常に複雑な課題ではあるが，個別的な場合の取り扱いに進む前に，一般的な輻射過程をもう 1 つの別の観点，すなわち，きまった輻射線にではなく空間の 1 点に注目する観点から考察しよう．

§ 14　輻射線の通る任意の媒質中に無限小の面要素 $d\sigma$ を考えると，輻射線はその面要素を一定の瞬間にさまざまの方向に横切るであろう．そして，時間要素 dt のあいだに面要素 $d\sigma$ を通ってきまった方向に放射されるエネルギーは，dt と $d\sigma$ と，$d\sigma$ の法線が輻射方向となす角度 θ の余弦とに比例するであろう．なぜなら，$d\sigma$ を十分小さいと仮定すると，近似的にしか実状に対応しないとはいえ $d\sigma$ のすべての点が

輻射に対して全く同じように振る舞うであろうと考えられる．そこで，$d\sigma$ を通ってきまった方向に放射されるエネルギーは面要素 $d\sigma$ がその輻射に与える開口の大きさに比例するはずであり，この開口は大きさ $d\sigma \cdot \cos\theta$ で測られるからである．面要素 $d\sigma$ を輻射に対して回転させると，そこを通過するエネルギーが $\theta = \pi/2$ で完全に消えることは容易にわかる．

　一般に，面要素 $d\sigma$ の各点から輻射線ビームが空間のあらゆる方向に伝播する．ただし方向によってその強度は異なる．これらのすべてのビームは高次のオーダーのわずかなずれを除いて同じものである．しかし，これらの点から出る1つのビームは有限のエネルギーを与えない．有限のエネルギーは有限の面を通って放射されるからである．このことはいわゆる焦点を通る輻射線についても言える．たとえば，太陽光を集光レンズを通して焦点面に集中させるとき，太陽輻射線は点に集められるのではなく，平行なビームがそれぞれ別の焦点に到りこれらの点すべてが一緒になって1つの面を形成する．その面は確かに小さくはあるが有限の面積をもつ太陽の像である．有限のエネルギーはこの面の有限な部分を通っていくのである．

　§15　一般的な場合として，面要素 $d\sigma$ の1点を頂点としてそこから空間のあらゆる方向に $d\sigma$ の両側に伝播する輻射線ビームを考える．上で用いた角 θ（0から π まで）と方

位角 φ（0 から 2π まで）によってきめられる一定の方向に対応する輻射強度は，角度 θ と $\theta + d\theta$，φ と $\varphi + d\varphi$ によって区切られた無限に細い円錐内を伝播するエネルギーで測られる．この円錐の開口は，

$$d\Omega = \sin\theta \cdot d\theta \cdot d\varphi \tag{5}$$

である．

　こうして，時間 dt に面要素 $d\sigma$ を通って要素円錐 $d\Omega$ の方向に放射されるエネルギーとして，表式，

$$dt d\sigma \cos\theta\, d\Omega\, K = K \sin\theta \cos\theta\, d\theta d\varphi d\sigma dt \tag{6}$$

を得る．

　この有限量 K を「比強度」，または「輝度」，$d\Omega$ を面要素 $d\sigma$ の1点から方向 (θ, φ) に放射される輻射線ビームの「開口角」〔立体角〕とよぶ．K は，場所と時間と2つの角 θ，φ の正の関数である．一般に，異なった方向の輻射の比強度は，互いに全く独立である．たとえば，関数 K において θ に $\pi - \theta$ を，φ に $\pi + \varphi$ を代入すると，前と正反対の方向の輻射の比強度が得られるが，それは一般に前とは全くちがった値である．

　面要素 $d\sigma$ の一方の側，すなわち角 θ が鋭角の側に向かう全輻射は，φ について0から 2π まで，θ について0から $\pi/2$ まで積分することによって，

$$\int_0^{2\pi} d\varphi \int_0^{\pi/2} d\theta \, K \sin\theta \cos\theta \, d\sigma dt$$

となる．輻射があらゆる方向に一様ならば，したがって K が一定ならば，$d\sigma$ を通って一方の側に出る全輻射は，

$$\pi K d\sigma dt \qquad (7)$$

となる．

§16　一定方向 (θ, φ) の輻射を扱うとき，有限のエネルギー輻射は常に有限の開口の円錐の内部でのみ起こるということを考慮せねばならない．完全にきまった1つの方向に伝播するような有限の光および熱輻射は起こらない．同じことだが，絶対的に平行な光，完全な平面波は自然には存在しない．いわゆる平行輻射線ビームからは，有限な輻射エネルギーは，ビームの輻射線または波面の垂線が，たとえ事情によって非常に細くはあっても有限の円錐の内部に発散するときにのみ得られる．

§17　各方向へのエネルギー輻射の比強度 K は，さらに，スペクトルのさまざまな領域に属し，互いに独立に伝播する個々の輻射線の強度に分解される．これに対しては，振動数のある区間，たとえば ν から ν' までの間の輻射強度が決定的である．区間 $\nu'-\nu$ が十分小さく $d\nu$ に等しいなら，この区間の輻射強度は $d\nu$ に比例する．この輻射を「均質」ある

いは「単色である」と言う.

　最後に，一定の方向と強度と色をもった輻射線をさらに特徴づけるものは偏光の仕方である. 一定の振動数をもち一定方向に進む任意の偏光状態の輻射線を 2 つの直線偏光成分に分ける. その偏光面は互いに垂直であればそれ以外については任意でよい. そうするとこの 2 つの成分の強度の和は，2 つの偏光面の向きには無関係に，常に，全輻射線の強度に等しく，2 つの成分の大きさは

$$\left. \begin{array}{c} \Re_\nu \cos^2 \omega + \Re'_\nu \sin^2 \omega \\ \text{および}\quad \Re_\nu \sin^2 \omega + \Re'_\nu \cos^2 \omega \end{array} \right\} \qquad (8)$$

という形の 2 つの表式で書き表わされる. ここで，ω は一方の成分の偏光面の方位角である. この 2 つの表式を「振動数 ν の輻射の比強度の成分」とよぶが，この 2 つの和は実際に ω に依存しない全輻射強度 $\Re_\nu + \Re'_\nu$ を与える. 同時に $\Re_\nu$ および $\Re'_\nu$ はそれぞれ，一方の成分がもちうる（$\omega = 0$ および $\omega = \pi/2$ に対して）強度の最大値および最小値を表わす. したがって，これらの値を「強度の主値」あるいは「主強度」とよび，対応する偏光面を輻射線の「主偏光面」とよぶ. もちろん，どちらも一般に時間とともに変化する. したがって一般に，

$$K = \int_0^\infty d\nu \, (\Re_\nu + \Re'_\nu) \qquad (9)$$

と書ける. ここで正の量 $\Re_\nu$ および $\Re'_\nu$，すなわち，振動数

ν の輻射の比強度（輝度）の 2 つの主値は ν のほかに，場所，時間，角 θ および φ に依存する．(6)式に代入することにより，時間 dt に面要素 $d\sigma$ を通って要素円錐 $d\Omega$ の方向に放射されるエネルギーとして表式，

$$dt d\sigma \cos\theta \, d\Omega \int_0^\infty d\nu \, (\mathfrak{K}_\nu + \mathfrak{K}'_\nu) \tag{10}$$

を，また，輝度 $\mathfrak{K}_\nu$ の直線偏光した単色輻射に対して，

$$dt d\sigma \cos\theta \, d\Omega \, \mathfrak{K}_\nu d\nu = dt d\sigma \sin\theta \cos\theta \, d\theta d\varphi \, \mathfrak{K}_\nu d\nu \tag{11}$$

を得る．

偏光していない輻射線に対しては $\mathfrak{K}_\nu = \mathfrak{K}'_\nu$ であるから，

$$K = 2 \int_0^\infty d\nu \, \mathfrak{K}_\nu \tag{12}$$

そして，振動数 ν の単色輻射線のエネルギーは，

$$2 dt d\sigma \cos\theta \, d\Omega \, \mathfrak{K}_\nu d\nu = 2 dt d\sigma \sin\theta \cos\theta \, d\theta d\varphi \, \mathfrak{K}_\nu d\nu \tag{13}$$

となる．

さらに，輻射線があらゆる方向に一様であるとき，$d\sigma$ を通って一方の側に出ていく全輻射線として，(7)と(12)とから，

$$2\pi d\sigma dt \int_0^\infty \mathfrak{K}_\nu d\nu \tag{14}$$

が得られる．

§ 18　$\mathfrak{K}_\nu$ は本来無限に大きくはなりえないから，K は
$\mathfrak{K}_\nu$ が有限の振動数区間で零と異なるときにだけ有限値をと
るだろう．したがって自然には絶対的な意味での均質あるい
は単色の光や熱輻射は存在しない．有限の輻射は常にたとえ
事情によって非常にせまくはあっても有限のスペクトル領域
をもつ．この点に，音響学における対応する現象と根本的な
ちがいがある．音響学では有限強度の音が完全に一定の振動
数に対応しうる．このちがいが，とりわけ，のちにみるよう
に，熱力学の第 2 主則が光および熱輻射線に意味をもち音
波には意味をもたないという事情を説明する．

§ 19　(9)式からわかるように，振動数 ν の輻射強度 $\mathfrak{K}_\nu$
は全スペクトルの輻射強度 K とはちがった次元をもつ．さ
らに，振動数 ν についてでなく波長 λ についてスペクトル
分解するときには，振動数 ν に対応する波長 λ の輻射強度
E_λ は，$\mathfrak{K}_\nu$ の表式の ν に対応する λ の値，すなわち，

$$\nu = \frac{q}{\lambda} \qquad (15)$$

(ここで q は伝播速度)を代入することによって簡単に得ら
れるわけではないということに注意せねばならない．$d\lambda$ と
$d\nu$ が同じスペクトル区間に対応するとき，E_λ と $\mathfrak{K}_\nu$ が等
しいのではなく，$E_\lambda d\lambda = \mathfrak{K}_\nu d\nu$ だからである．$d\lambda$ と $d\nu$ が
どちらも正であるとすると，

$$dν = \frac{q \cdot dλ}{λ^2}$$

であるから，代入すると，

$$E_λ = \frac{q \Re_ν}{λ^2} \tag{16}$$

となる．

このことから，とくに，一定のスペクトルにおいて $E_λ$ と $\Re_ν$ の最大値はちがった位置にあることがわかる！

§ 20　すべての単色輻射線の主強度 $\Re_ν$ および $\Re'_ν$ が媒質のすべての点ですべての方向に対して与えられれば，輻射状態があらゆる点についてきまり，関連する問題はすべて答えられる．このことを 2, 3 の適用例で示そう．まず，ある面要素 $dσ$ を通って他の任意の面要素 $dσ'$ に放射されるエネルギー量を問題にする．2 つの面要素間の距離 r は，それぞれの面要素の広がりに比べて長いが，その間に輻射が顕著な吸収あるいは散乱を受けるほど長くはない．透熱性媒質については，当然，あとの方の条件は余計なものである．

いま輻射線が $dσ$ のどこか 1 点を通って $dσ'$ のあらゆる点に行くとする．これらの輻射線は頂点を $dσ$ 内におく 1 つの円錐をつくる．その開口は

$$dΩ = \frac{dσ' \cos(ν', r)}{r^2}$$

で与えられる．ここで $ν'$ は $dσ'$ の法線，角 $(ν', r)$ は鋭角に

とられる．この $d\Omega$ の値は高次の微小量を除いて $d\sigma$ 上の円錐の頂点の位置には依存しない．

　さらに $d\sigma$ の法線を ν で表わすと，$\theta = (\nu, r)$ とおかれるから，(6)式から，求める輻射エネルギーとして，

$$K \cdot \frac{d\sigma \cdot d\sigma' \cdot \cos(\nu, r) \cdot \cos(\nu', r)}{r^2} \cdot dt \qquad (17)$$

が得られ，直線偏光した振動数 ν の単色輻射に対しては(11)式に従って，

$$\mathfrak{K}_\nu d\nu \cdot \frac{d\sigma d\sigma' \cos(\nu, r) \cos(\nu', r)}{r^2} \cdot dt \qquad (18)$$

が得られる．

　面要素 $d\sigma$ および $d\sigma'$ の互いの大きさの比は全く任意で，r が 2 つの要素のそれぞれの広がりに比べて長くさえあれば，それらは同程度の大きさでも異なった程度の大きさでもよい．$d\sigma$ を $d\sigma'$ に比べて無限に小さいととるならば，輻射線は $d\sigma$ から $d\sigma'$ に発散し，$d\sigma$ を $d\sigma'$ に比べて無限に大きいととるならば輻射線は $d\sigma$ から $d\sigma'$ に収束する．

　§ 21　$d\sigma$ の各点が $d\sigma'$ に向かって出ていく輻射線の円錐の頂点であるから，面 $d\sigma$ と $d\sigma'$ とできめられる，ここで考察している全輻射線ビームは，点から出る 2 重に無限に多くのビームまたは 4 重に無限に多くの輻射線からなり，それらはすべてエネルギー輻射にとって同じように考慮される．同様に輻射線ビームは面要素 $d\sigma$ のすべての点から出て

$d\sigma'$ の各点にそれぞれを頂点として収束する円錐からなっているとも考えられる．ここでこの全輻射線ビームを，面要素 $d\sigma$ および $d\sigma'$ から任意の距離のところで，両要素間でも外側でもよいのだが，ある平面によって切断したとすると，点から出る個々のビームの断面積は一般に同じでも似てもいず，一部分は重なり合うだろうが一部分は互いに別であろう．したがって，一様な照射という意味で，全輻射線ビームの一定の断面積について言うことはできない．ただ，切断面が $d\sigma$ または $d\sigma'$ と一致するときにのみ輻射線ビームは一定の断面積をもつ．したがってこの2つの面はきわだった役割を演ずる．これらはビームの2つの「焦点面」とよばれる．

すでに上で述べた特別な場合，すなわち2つの焦点面のうちの1つが他に比べて無限に小さいとき，全輻射線ビームは，その形が無限に小さい方の焦点面に頂点をもつ円錐形に近くなるという点で，点から出るビームの性質を示す．このときも，きまった意味で，空間の任意のある場所でのビームの断面積を問題とすることができる．このように円錐に似た輻射線ビームを要素ビームとよぶ．そして無限に小さい焦点面を要素ビームの第1焦点面とよぶ．輻射は第1焦点面に収束するか，第1焦点面から発散するかのいずれかになる．1つの媒質中を進む輻射線ビームはすべてそのような要素ビームからなるとみなされる．したがって今後の考察では，単純な性質のために非常に便利なこの要素ビームを基礎

におくことができる.

　要素ビームの範囲は,第 1 焦点面 $d\sigma$ が与えられたとき,第 2 焦点面 $d\sigma'$ でなくとも, $d\sigma$ から $d\sigma'$ をみた開口角 $d\Omega$ によって確定できる. それに対して任意のビームの場合, すなわち 2 つの焦点面が同程度の大きさであるとき, 一般に第 2 焦点面を, そのビームの性質を根本的に考えずに, 開口角 $d\Omega$ で置き換えることはできない. なぜなら, $d\sigma'$ の代りに($d\sigma$ のすべての点に対して一定の) $d\Omega$ の大きさと方向を与えると, $d\sigma$ から出る輻射線はもはや以前のビームではなく, むしろ, 第 1 焦点面を $d\sigma$ に第 2 焦点面を無限遠にもつ要素ビームになるからである.

　§ 22　エネルギー輻射は媒質中を有限速度 q で伝播するから, ある有限の空間部分には有限量のエネルギーが存在する. そこで, ある体積要素中に含まれる全輻射エネルギーの体積要素の大きさに対する比として「輻射の空間密度」を定義する. ここで媒質中のある場所での輻射の空間密度 u を計算しよう. 問題の場所に任意の形の無限小の体積を考えるとき, その体積要素 v を横切るすべての輻射線を考慮しなければならない. そのためにこの体積要素内の任意の 1 点 O を中心にそのまわりに半径 r の球面を描く. r の大きさは v の広がりに比べて大きいが, 輻射線が吸収や散乱によって顕著に弱められない程度に小さい(図 1). 体積 v に当たる輻射線はいずれもその球面の点からくる. そこで, まず, 球面

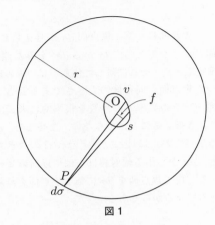

図 1

内のきめられた無限小要素 $d\sigma$ の点から出て体積 v に当たる
輻射線に注目するならば，球面のすべての要素について和を
とることによって考慮すべき全輻射線が，またそれぞれの輻
射線が重複なく得られる．

　まず，面要素 $d\sigma$ を通って体積 v に向かう輻射線が v に含
まれる輻射エネルギーに寄与するエネルギー量を計算する．
$d\sigma$ の広がりが v の広がりに比べて無限に小さいと考え，$d\sigma$
内の 1 点 P から出て体積 v にいたる輻射線の円錐を考える．
この円錐を P を頂点とする無限に多くの無限に細い要素円
錐に分ける．それぞれは体積 v から長さ s の一定の細片を
切りとる．このような要素円錐 1 つの開口は，f を頂点か
らの距離 r のところでのその円錐の垂直断面積とすると，

f/r^2 となる．輻射線が長さ s を通過するのに要する時間は，

$$\tau = \frac{s}{q}$$

この時間 τ の間に，体積 v 内の問題にしている要素円錐内部に到達するエネルギー量は(6)式から，この場合，$d\Omega$ は f/r^2，θ は零であるから，

$$\tau d\sigma \frac{f}{r^2} K = \frac{fs}{r^2 q} \cdot K d\sigma \tag{19}$$

となる．これが要素円錐によって切りとられる体積 fs の空間に分布する．面要素 $d\sigma$ から出て v に達するすべての要素円錐について加え合わせると，

$$\frac{K d\sigma}{r^2 q} \cdot \sum fs = \frac{K d\sigma}{r^2 q} \cdot v$$

が得られる．これは，面要素 $d\sigma$ を通ってくる輻射線による，体積 v 内の全輻射エネルギーである．v に含まれる全輻射エネルギーを得るためには，さらに，球面のすべての要素 $d\sigma$ について積分しなければならない．球面から面要素 $d\sigma$ を切りとる O を頂点とする円錐の開口角 $d\sigma/r^2$ を $d\Omega$ で表わすと，全エネルギーとして，

$$\frac{v}{q} \cdot \int K d\Omega$$

が，また，これを v で割ることにより，求める輻射の空間密度として，

$$u = \frac{1}{q} \cdot \int K d\Omega \qquad (20)$$

が得られる.

ここでは r が全く消えているので, K を簡単に点 O 自身における輻射強度と考えることができる. 積分に際しては, K は一般に方向 (θ, φ) に依存するということを考えねばならない.

すべての方向に一様な輻射に対して K は一定であり,

$$u = \frac{4\pi K}{q} \qquad (21)$$

が得られる.

§ 23 全輻射の空間密度 u と同様に, スペクトル分解,

$$u = \int_0^\infty \mathfrak{u}_\nu d\nu \qquad (22)$$

を行なうことによって与えられる一定振動数の輻射の空間密度 $\mathfrak{u}_\nu$ についても述べよう.

(20)式と(9)式を合わせて,

$$\mathfrak{u}_\nu = \frac{1}{q} \int (\mathfrak{K}_\nu + \mathfrak{K}'_\nu) d\Omega \qquad (23)$$

が得られ, これから, すべての方向に一様に分布する偏光していない輻射に対して,

$$\mathfrak{u}_\nu = \frac{8\pi \mathfrak{K}_\nu}{q} \qquad (24)$$

が得られる.

第 2 章　熱力学的平衡における輻射.
キルヒホッフの法則. 黒体輻射

　　§24　ここでは前の章で提出した諸法則を熱力学的平衡という特別な場合に適用する. まず熱力学の第 2 主則から導かれる結果から以下の考察をはじめる. すなわち, 任意の性質, 形, 位置にある静止物体からなる系は, 熱を通さないかたい覆いで囲まれているとき, その初期状態がどうであっても, 時間の経過とともに, 系のすべての物体の温度が同じである永久状態になる. これが熱力学的平衡状態であって, そこでは系のエントロピーは, 初期条件によってきめられる全エネルギーのもとで取ることができるすべての値のうち極大値をもち, それより増大することはもはや不可能である.

　　ある場合には, 一定の条件のもとでエントロピーが 1 つではなく多くの異なる極大値をとりうることがある. その中の 1 つは絶対的な意味をもつが, 残りは相対的な意味しかもたない[*6]. この場合, エントロピーの極大値に対応する状態はそれぞれ系の熱力学的平衡状態を表わす. しかし, その中でエントロピーの絶対的な最大値に対応する状態のみが絶対的に安定な平衡を示す. 残りはすべて, 小さくはあっても

適当な平衡の乱れが系に絶対的に安定な平衡に向かって永久
的な変化を起こさせうるかぎり，ある意味で不安定である．
例としてかたい容器に入れられた過飽和状態にある蒸気と
か，爆発性物質とかがあげられる．輻射過程においてもその
ような不安定な平衡の例に出合うであろう（§52）．

　§ 25　ここでも，前章と同様に，均質で等方的で状態が
温度のみに依存する媒質を仮定し，その中で輻射過程が，前
節で導かれた熱力学の第2主則からの結果に一致するため
にはどんな法則に従わなければならないかを問題にする．こ
の問題に答える方法は，前章で確立された概念や法則を用い
た，1つあるいは多くのそのような媒質の熱力学的平衡状態
の研究によって与えられる．

　最も簡単な場合，すなわち，空間のあらゆる方向に非常に
遠くまで拡がっている1つの媒質で，それが，ここで問題
にするすべての系と同様に熱を通さないかたい覆いで囲まれ
ている場合からはじめる．さしあたり，この媒質は有限の吸
収係数，放出係数，散乱係数をもっていると仮定する．

　まず，媒質の表面から非常に遠く離れた場所を考える．こ
こではいずれにしても表面の影響は無視できるほど小さい．
媒質の均質性と等方性のために，熱力学的平衡状態において
熱輻射はあらゆる場所であらゆる方向に同じ性質をもつ．あ
るいは，振動数 ν の直線偏光した輻射線の比強度 $\mathfrak{K}_\nu$（§17）
は偏光の方位角にも輻射線の方向にも場所にも依存しない，

ということになる．したがって，面要素 $d\sigma$ から出て要素円
錐 $d\Omega$ 内に発散する輻射線ビームに，同じ要素円錐内を反対
方向に向かってその面要素に対して収束する全く同じビーム
が対応する．

　ここで，熱力学的平衡の条件は，温度があらゆるところで
等しく一定であるということを要求する．したがって，媒質
のそれぞれの体積要素中で任意の時間内に同じ輻射熱が吸収
され放出されねばならない．なぜなら，温度の一様性のため
に熱伝導が起こらないので，物体の熱は熱輻射によってのみ
影響されるからである．この条件のもとでは散乱現象は何の
役割も演じない．というのは，散乱は輻射エネルギーの方向
の変化にのみ関係し，発生とか消滅には関係しないからであ
る．そこで，時間 dt に体積要素 v によって放出され，吸収
されるエネルギーを計算する．

　放出されるエネルギーは(2)式から，

$$dt \cdot v \cdot 8\pi \int_0^\infty \varepsilon_\nu d\nu$$

となる．ここで媒質の放出係数 ε_ν は，その化学的性質のほ
かに振動数 ν と温度 T とにのみ依存する．

　§ 26　吸収されるエネルギーを計算するために，図1
(§22)によって説明したものと同じ考察を用い，そこでの記
号をそのまま用いる．時間 dt に体積要素 v によって吸収さ
れるエネルギー輻射は，体積要素 v を横切るすべての輻射

線の強度を考察し，その輻射線の v 内で吸収される部分を考えに入れることによって与えられる．ここで，$d\sigma$ から出て体積要素 v から部分 fs を切りとる輻射線の要素円錐は，(19)式に従って，強度（単位時間のエネルギー輻射）

$$d\sigma \cdot \frac{f}{r^2} \cdot K$$

をもつ．あるいは，(12)式に従ってスペクトル分解して，

$$2d\sigma \cdot \frac{f}{r^2} \cdot \int_0^\infty \Re_\nu d\nu$$

をもつ．したがって単色輻射線の強度は

$$2d\sigma \cdot \frac{f}{r^2} \cdot \Re_\nu d\nu$$

よって，時間 dt に距離 s で吸収されるこの輻射線のエネルギー量は(4)式に従って，

$$dt \cdot \alpha_\nu s \cdot 2d\sigma \frac{f}{r^2} \Re_\nu d\nu$$

となり，輻射の要素円錐から吸収される全エネルギーは，すべての振動数についての積分によって，

$$dt \cdot 2d\sigma \frac{fs}{r^2} \int_0^\infty \alpha_\nu \Re_\nu d\nu$$

となる．この式を，第 1 に，$d\sigma$ から出て体積要素 v に達する輻射線の要素円錐の断面積 f について，$\sum fs = v$ に注意して加え合わせ，第 2 に，半径 r の球面の要素 $d\sigma$ のすべてについて，$\int \dfrac{d\sigma}{r^2} = 4\pi$ に注意して加え合わせると，時間 dt

に体積要素 v によって吸収される全輻射エネルギーの表式
として,

$$dt \cdot v \cdot 8\pi \int_0^\infty \alpha_\nu \Re_\nu d\nu \qquad (25)$$

が得られる. これを放出エネルギーに等しいとおくことによ
って,

$$\int_0^\infty \varepsilon_\nu d\nu = \int_0^\infty \alpha_\nu \Re_\nu d\nu$$

　この関係はスペクトル成分に分解される. なぜなら, 熱力
学的平衡において放出エネルギーと吸収エネルギーとが等し
いことは, 全スペクトルの全輻射に対してばかりでなくそれ
ぞれの単色輻射に対しても成り立つことが容易にわかるから
である. すなわち, 量 $\varepsilon_\nu, \alpha_\nu, \Re_\nu$ は場所によらないから, 1
つの色について吸収エネルギーと放出エネルギーが等しくな
かったとしたら, 媒質全体のいたるところで問題の色のエネ
ルギー輻射が他の色の犠牲の上に絶え間なく増加あるいは減
少することになり, これは各振動数に対して $\Re_\nu$ は時間とと
もに変化しないという条件に矛盾することになる. こうして
各振動数について,

$$\varepsilon_\nu = \alpha_\nu \Re_\nu \qquad (26)$$

または,

$$\Re_\nu = \frac{\varepsilon_\nu}{\alpha_\nu} \qquad (27)$$

という関係が成り立つ．すなわち，熱力学的平衡にある媒質中で，一定の振動数の輻射の比強度は，この振動数に対する媒質の放出係数を吸収係数で割ったものに等しい．

§ 27　ε_ν と α_ν は媒質の性質と温度と振動数とにのみ依存するから，熱力学的平衡で一定の色の輻射強度は媒質の性質と温度とによって完全にきめられる．1つの例外は，α_ν ＝0の場合，すなわち，媒質が問題の色を全く吸収しない場合である．まず，$\Re$ は無限に大きくはなれないから，ε_ν ＝0，すなわち，媒質は吸収しない色を放出しないということになる．さらに，ε も α も無視できるほど小さいとき，（26）式はどんな値の $\Re$ によっても満足されるということがわかる．一定の色に対して透熱性の媒質中では，その色の輻射の強度がどうであれ，熱力学的平衡が存在しうる．

ここに，前に（§24）述べた場合，すなわち，かたい断熱的な覆いで囲まれた一定の全エネルギーをもつ系では，多くのエントロピーの相対的極大値に対応した多くの平衡状態が可能であるという場合の一例が提供される．それは，問題の色の輻射の強度は熱力学的平衡においてその色に対して透熱性の媒質の温度には全く依存しないので，与えられた全エネルギーは，熱力学的平衡が不可能になるということなしに，その色の輻射と物体熱とに全く任意に分布させられるからである．しかしそれらの分布のなかで，エントロピーの絶対的な極大値に対応する1つの分布がきめられる．それは絶対的

に安定な平衡状態であり，ある意味で不安定な残りの状態に
比べて，わずかな攪乱によって顕著な変化を受けないという
性質をもつ．事実，のちに(§48)みるように，分子・分母共
に非常に小さいときの商 $\varepsilon_\nu / \alpha_\nu$ のとりうる無限に多くの値
のなかに，一定の仕方で媒質の性質と振動数 ν と温度とに
依存する特別な値が存在する．その値を，考えている温度で
の，振動数 ν に対して透熱性の媒質中での，安定な輻射強
度 $\Re_\nu$ とよぶ．

　一定の種類の輻射線に対して透熱性の媒質に関してここで
述べたことは，絶対的な真空に対しても成り立つ．真空はあ
らゆる種類の輻射線に対して透熱性の媒質である．ただしそ
のような媒質の温度とか物体熱とかについて述べることはで
きない．

　しかし，さしあたって，この特別な透熱性媒質の場合は除
外することにして，考える媒質はすべて有限の吸収係数をも
つと仮定する．

　§28　ここで，熱力学的平衡における散乱過程について
も簡単に考察しておこう．体積要素 v に当たった輻射線は
すべて，そのエネルギーの一定部分が他の方向に曲げられ
ることによって，ある程度強度が弱められる．体積要素 v
から時間 dt に散乱によって空間のあらゆる方向に与えられ
る全エネルギー輻射の値は，(3)式に基づいて，§26 の吸収
されるエネルギー輻射の計算の場合と全く同様に計算され，

(25)式と同様の式,

$$dt \cdot v \cdot 8\pi \int_0^\infty \beta_\nu \Re_\nu \, d\nu \qquad (28)$$

が得られる. このエネルギーがどうなるかという問題も容易に答えられる. 媒質の等方性のために, 体積要素 v で散乱されそこから出ていくエネルギー輻射(28)は, 入射する輻射と同様, すべての方向に一様になるからである. 散乱により体積要素 v が受けとる散乱されるエネルギーのうち開口角 $d\Omega$ を通って再び放射される部分は, 上の式に $d\Omega/4\pi$ をかけることにより,

$$2dt \, v d\Omega \int_0^\infty \beta_\nu \Re_\nu \, d\nu$$

で与えられ, 直線偏光した単色光については,

$$dt \, v d\Omega \cdot \beta_\nu \Re_\nu \, d\nu \qquad (29)$$

が与えられる.

　ここで, すべての方向への放射の一様性は, 体積要素 v に当たった輻射線全体として成り立つことであって, 個々の輻射線は等方的な媒質の中でも方向によって異なった強度と偏光をもって散乱されるということに注意せねばならない(§8 おわりを参照).

　こうして, 媒質内で輻射の熱力学的平衡が存在する場合, 散乱過程は全体として何の効果も起こさないということがわかる. すべての方面からある体積要素に入射し, 再びすべて

の方面に散乱される輻射線は，その体積要素から何ら変更を受けずにそこを真直ぐに通過するかのように振る舞う．ある1つの輻射線は，散乱によって失うエネルギーを他の輻射線の散乱によって再び獲得する．

§ 29　ここで，熱力学的平衡にある非常に遠くまで拡がった均質で等方的な媒質中での輻射過程を，別の観点から考察しよう．すなわち，ここでは一定の体積要素に注目するのではなくて，一定の輻射線ビームでしかも要素ビーム（§21）に注目する．これは，点 O（図2）にあるビームの軸に垂直な無限小の焦点面 $d\sigma$ と，開口角 $d\Omega$ とによってきめられるものとする．輻射はこの焦点面に対して矢印の方向に起こるものとする．このビームに属するような輻射線のみを考察する．

単位時間に $d\sigma$ を通過する，直線偏光した単色輻射線のエネルギーは，(11)によって，この場合 $dt=1$, $\theta=0$ とおけるから，

$$d\sigma \cdot d\Omega \cdot \mathfrak{K}_\nu d\nu \tag{30}$$

となり，この値は，このビームの他のいずれの横断面についても成り立つ．第1に $\mathfrak{K}_\nu d\nu$ はいたるところで同じ大きさであり（§25），第2にこのビームの垂直断面とその断面から焦点面 $d\sigma$ をみる開口角との積も一定値 $d\sigma \cdot d\Omega$ をもつからである．それは断面の大きさが，ビームの頂点 O からの距

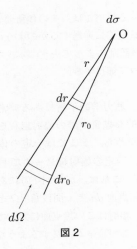

図2

離とともに，その開口角が減少するのと同じ割合で増大するからである．したがって，このビーム内の輻射は，媒質が完全に透熱性であるかのように振る舞う．

　他方，輻射は，放出，吸収，散乱の影響によって，絶えずその経路を変更させられている．どれだけそれらの効果があるかを別々に説明しよう．

　§30　輻射線ビームの空間要素を考える．それは，頂点 O からの距離 r_0（任意の大きさ）および $r_0 + dr_0$ の2つの断面によって区切られ，したがって体積 $dr_0 \cdot r_0^2 d\Omega$ をもつ．こ

の空間要素から単位時間に O にある焦点面 $d\sigma$ に対してエネルギー量 E の直線偏光した単色輻射線が放出される．E は，(1)において

$$dt = 1, \qquad d\tau = dr_0 \cdot r_0^2 d\Omega, \qquad d\Omega = \frac{d\sigma}{r_0^2}$$

とおき，数因子 2 をおとすことによって，

$$E = dr_0 \cdot d\Omega \cdot d\sigma \cdot \varepsilon_\nu d\nu \qquad (31)$$

しかし，このエネルギー E のうちの一部分 E_0 のみが O に到達する．O までに到る行路で，無限小の長さの線分 s を進むごとに吸収および散乱によってエネルギーの $(\alpha_\nu + \beta_\nu)s$ が失われるからである．エネルギー E のうち，O から $r\,(<r_0)$ の距離にある断面に到達する部分を E_r とすると，$s = dr$ として，

$$E_{r+dr} - E_r = E_r \cdot (\alpha_\nu + \beta_\nu)dr$$

または，

$$\frac{dE_r}{dr} = E_r(\alpha_\nu + \beta_\nu)$$

積分すると，

$$E_r = Ee^{(\alpha_\nu + \beta_\nu)(r - r_0)}$$

ここで，$r = r_0$ に対して $E_r = E$ は(31)によって与えられる．

これから，$r=0$ とおくことにより，r_0 の空間要素から放出され O に到達するエネルギーは，

$$E_0 = Ee^{-(\alpha_\nu + \beta_\nu)r_0} = dr_0 \cdot d\Omega \cdot d\sigma\, \varepsilon_\nu e^{-(\alpha_\nu + \beta_\nu)r_0} d\nu \tag{32}$$

したがって，輻射線ビームのすべての空間要素から放出されるエネルギーのうち $d\sigma$ に到達するエネルギーは，

$$d\Omega \cdot d\sigma \cdot d\nu\, \varepsilon_\nu \cdot \int_0^\infty dr_0 \cdot e^{-(\alpha_\nu + \beta_\nu)r_0} = d\Omega \cdot d\sigma \cdot \frac{\varepsilon_\nu}{\alpha_\nu + \beta_\nu} d\nu \tag{33}$$

となる.

§ 31 輻射の散乱の効果がないときには，$d\sigma$ に到達する全エネルギーは，途中で吸収によって起こる損失を考慮して，輻射線ビームの個々の空間要素から放出されるエネルギー量からなるはずである．実際，$\beta_\nu = 0$ に対して，表式 (33) は，(27) を参照すれば分かるように，(30) と同じものになる．しかし，一般に (30) は (33) より大きい．$d\sigma$ に到達するエネルギーは，問題にしている輻射線ビームの内部ではなく，どこか別のところから放出された後に，散乱によってその輻射線ビームに入りこんでくる輻射線も含むからである．実際，輻射線ビームの空間要素は，そのビームの内部を通る輻射線を外に散乱するばかりでなく，外からくる輻射線をそのビーム内に集めもする．r_0 の空間要素によって，こ

のようにして集められる輻射 E' は，(29)式において，

$$dt = 1, \qquad v = dr_0 \cdot d\Omega\, r_0^2, \qquad d\Omega = \frac{d\sigma}{r_0^2}$$

とおくことにより，

$$E' = dr_0 d\Omega d\sigma\, \beta_\nu \mathfrak{K}_\nu d\nu$$

となる.

　このエネルギーが，上の(31)で計算されたその空間要素から放出されるエネルギー E に付け加わるので，輻射線ビームの r_0 の空間要素内に新しく現われる全エネルギーとして

$$E + E' = dr_0 d\Omega d\sigma\, (\varepsilon_\nu + \beta_\nu \mathfrak{K}_\nu) d\nu$$

が得られる.

　このうち O に到達するエネルギーは，(32)に相当する，

$$dr_0 d\Omega d\sigma\, (\varepsilon_\nu + \beta_\nu \mathfrak{K}_\nu) d\nu \cdot e^{-r_0(\alpha_\nu + \beta_\nu)}$$

となり，この輻射線ビームのすべての空間要素は放出と散乱輻射の収集とによって，途中で起こる吸収と散乱による損失を考慮すれば，$d\sigma$ に到達するエネルギー，

$$d\Omega d\sigma\, (\varepsilon_\nu + \beta_\nu \mathfrak{K}_\nu) d\nu \cdot \int_0^\infty dr_0 \cdot e^{-r_0(\alpha_\nu + \beta_\nu)}$$

$$= d\Omega d\sigma \cdot \frac{\varepsilon_\nu + \beta_\nu \mathfrak{K}_\nu}{\alpha_\nu + \beta_\nu} d\nu$$

を与える．これは実際，(26)を参照すればわかるように，(30)式に正確に等しい．

§32　上で導いた，均質で等方的な媒質の熱力学的平衡における輻射状態についての法則は，媒質の表面から非常に遠く離れた場所についてだけ成り立つ．そのような場所についてのみ，対称性に基づいて最初から輻射線が場所と方向とに依存しないとみなすことがゆるされるからである．しかし，簡単な考察から分かることは，(27)において計算された，媒質の性質と温度とにのみ依存する $\mathfrak{K}_\nu$ の値が，媒質の表面のすぐ近くの点までの任意の方向に向かう，いま考えている振動数の輻射の強度の値を与えるということである．それは，熱力学的平衡では，どの輻射線も正反対の方向の輻射線と全く同じ強度をもたねばならないからであって，そうでなければ，輻射によって1方向へのエネルギー輸送が起こされることになる．したがって，媒質の表面から出て内部に向かう輻射線に注目すると，それは，それと正反対に内部からくる輻射線と同じ強度をもたねばならない．そのことから直ちに，次の結論が導かれる：**媒質の表面における輻射状態全体は，内部におけるそれと同じである．**

§33　表面のある要素から出て媒質の内部に向かう輻射は，同じ大きさで同じ向きの内部の面要素から出る輻射とあらゆる点で等しいが，異なった前歴をもつ．表面からの輻

射は，媒質の表面は熱を通さないと仮定されているから，内
部からくる輻射が表面で反射されることによってのみ生ず
る．詳しく言うと，表面が滑らかであって，鏡のようだと仮
定されるか，粗くて白い（§10）と仮定されるかによって，そ
れは非常に異なった仕方で生ずる．第 1 の場合には，表面
に当たる輻射線ビームのそれぞれに一定の対称的な位置にあ
る同一の強度をもつビームが対応するが，第 2 の場合には，
表面に当たる個々の輻射線ビームはすべて，さまざまの方
向，強度，偏光をもった無限に多くの反射輻射線ビームに分
かれる．しかし，それにもかかわらず，すべての方面から等
しい強度 $\Re_\nu$ をもって表面要素に当たったビームは，全体と
して，再び表面から媒質内部に向かう同じ強度 $\Re_\nu$ をもった
一様な輻射を与える．

　§ 34　そこで，考えている媒質が空間のあらゆる方向に
非常に遠くまで拡がっているという，§25 で行なった仮定を
棄てても，全く困難はなくなる．なぜなら問題の媒質中，い
たるところで熱力学的平衡状態になっていれば，前節の結
果に従って，媒質中にいくつものかたくて熱を通さない平面
——それは滑らかでも粗くてもよいのだが——を置いたとし
ても，それによって平衡は決して妨害されないからである．
これによって，全系は任意の数の完全に閉じた個々の系に分
けられ，それぞれは，§2 で述べた一般的な制約が許す限り
小さく選ばれる．このことから，(27)式で与えられた輻射

の比強度 $\mathfrak{K}_\nu$ の値は，任意に小さな任意の形の空間内に閉じこめられた物質の熱力学的平衡に対しても成り立つことになる．

§35 均質で等方的な単一の物質からなる系から，こんどは，互いに接する2つの異なった均質で等方的な物質からなる系に目を転じ，熱力学的平衡での輻射状態を考察しよう．ここでも系は熱を通さないかたい覆いで囲まれている．そして，さしあたり，どちらの媒質も空間的に非常に遠くまで拡がっていると仮定する．2つの物質を分ける面を一時，熱輻射を全く通さない面で置き換えたとしても，熱平衡は何ら妨害されないから，2つの物質のそれぞれに対して前節で述べたすべてのことが成り立つ．振動数 ν で，ある任意の面に偏光している，第1媒質内（図3の上部）での輻射の比強度を $\mathfrak{K}_\nu$，第2媒質内でのそれを $\mathfrak{K}'_\nu$ とする．そして一般に第2の媒質にかかわる数量にはダッシュを付けて記すことにする．2つの量 $\mathfrak{K}_\nu$ および $\mathfrak{K}'_\nu$ は，(27)式に従い，温度と振動数のほかは両媒質の性質に依存するだけであって，たしかに，この輻射強度の値は媒質の境界面のすぐ近くにいたるまでこの面の性質には全く依存しない．

§36 まず，両媒質の境界面を滑らかである（§9）と仮定しよう．第1媒質からきて境界面に当たる輻射線は，2つの輻射線（反射線と透過線）に分かれる．この2つの輻射線の

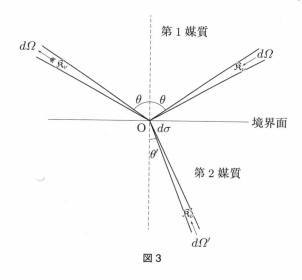

図 3

方向は入射線の色と入射角とによって変化し，強度はさらに
その偏光によって変化する．入射エネルギーに対する，反射
される輻射エネルギーを ρ（反射係数），したがって，透過さ
れる輻射エネルギーを $(1-\rho)$ と書くと，ρ は，入射輻射線
の入射角と振動数と偏光とに依存する．第 2 媒質からきて
境界面に当たる輻射線に対する反射係数 ρ' についても同じ
ことが言える．

　時間 dt に，境界面の要素 $d\sigma$ から出て第 1 媒質に向かう
（図 3 の左上の羽つき矢印をみよ），要素円錐 $d\Omega$ 内の，振

動数 ν の，単色で直線偏光した輻射線のエネルギーは，(11)
式に従って，

$$dt d\sigma \cos\theta \, d\Omega \, \mathfrak{K}_\nu d\nu \tag{34}$$

である．ここで

$$d\Omega = \sin\theta \, d\theta d\varphi \tag{35}$$

このエネルギーは，2つの輻射線によって与えられる．第1
媒質からきて面要素 $d\sigma$ によって対応する方向に反射された
ものと，第2媒質からきて $d\sigma$ によってその方向に透過され
たものとである（羽なしの矢印をみよ．面要素 $d\sigma$ は点 O で
印されている）．第1の輻射線は，反射法則によって，対称
的な位置にある要素円錐 $d\Omega$ 内を通過し，第2の輻射線は，
要素円錐

$$d\Omega' = \sin\theta' d\theta' d\varphi' \tag{36}$$

内を通過する．ここで，屈折法則により，

$$\varphi' = \varphi \quad \text{および} \quad \frac{\sin\theta}{\sin\theta'} = \frac{q}{q'} \tag{37}$$

である．

ここで，輻射(34)が入射面内あるいは入射面に垂直に偏
光していると仮定すると，そのエネルギーを構成する2つ
の輻射に対して同じことが成り立ち，第1媒質からきて $d\sigma$
で反射された輻射は，

$$\rho \cdot dt \cdot d\sigma \cos\theta \cdot d\Omega \, \mathfrak{K}_\nu d\nu \tag{38}$$

だけの寄与を，第 2 媒質からきて $d\sigma$ を透過した輻射は，

$$(1-\rho') \cdot dt \cdot d\sigma \cos\theta' \cdot d\Omega' \mathfrak{K}'_\nu d\nu \tag{39}$$

だけの寄与をする．$dt,\ d\sigma,\ \nu,\ d\nu$ という量は，どちらの媒質においても同じ値をもつので，ここではダッシュをつけないで書く．

　(38)式と(39)式とを加えて，その和を(34)式に等しいとおくと，

$$\rho \cos\theta \cdot d\Omega \, \mathfrak{K}_\nu + (1-\rho') \cdot \cos\theta' d\Omega' \mathfrak{K}'_\nu = \cos\theta \cdot d\Omega \, \mathfrak{K}_\nu$$

ここで(37)より，

$$\frac{\cos\theta \, d\theta}{q} = \frac{\cos\theta' d\theta'}{q'}$$

さらに，(35)と(36)を考慮して，

$$d\Omega' \cos\theta' = \frac{d\Omega \cos\theta \cdot q'^2}{q^2}$$

であるから，

$$\rho \mathfrak{K}_\nu + (1-\rho') \frac{q'^2}{q^2} \mathfrak{K}'_\nu = \mathfrak{K}_\nu$$

あるいは，

$$\frac{\mathfrak{K}_\nu}{\mathfrak{K}'_\nu} \cdot \frac{q^2}{q'^2} = \frac{1-\rho'}{1-\rho}$$

が得られる.

§ 37 最後の式において,左辺の量は入射角 θ と偏光の
仕方には依存しない. したがって,右辺の量もそうでなけ
ればならない. よって,1 つの入射角と一定の偏光について
この量の値を知れば,すべての入射角とすべての偏光につ
いてこの値が成り立つことになる. 特別な場合として,輻射
線が入射面に垂直に偏光し,偏光角で境界面に当たるとき,
$\rho = 0$ および $\rho' = 0$. そのとき右辺は 1 に等しくなり,一般
に 1 に等しい. そこで常に,

$$\rho = \rho' \tag{40}$$

および,

$$q^2 \mathfrak{K}_\nu = q'^2 \mathfrak{K}'_\nu \tag{41}$$

となる.

§ 38 これらの関係のうちの第 1 のものは,境界面の反
射係数はどちら側でも同じであるということを示しており,
ヘルムホルツ[*7]によってはじめて述べられた一般的な相反
定理の特別な表示である. この法則によると,一定の色と
偏光をもった輻射線が,何らかの媒質を通るとき,反射,屈
折,吸収,散乱のために受ける強度の損失は,同じ強度,
色,偏光をもった輻射線がちょうど反対の径路をとったと

きに受ける強度損失に正確に等しい．このことから直ちに，2つの媒質の境界面に当たる輻射は，それぞれの色，方向，偏光について，両側で常に同じように透過あるいは反射されるという結論が導かれる．

§ 39 第2の関係(41)は，両物質中での輻射強度を互いに関係づける．すなわち，熱力学的平衡のとき，**2つの媒質中での一定の振動数の輻射の比強度は，伝播速度の2乗に逆比例，あるいは屈折率*8 に正比例する**，ということを示す．

$\Re_\nu$ に(27)式の値を代入すると，次のように述べることもできる：量

$$q^2 \Re_\nu = q^2 \frac{\varepsilon_\nu}{\alpha_\nu} \qquad (42)$$

は，物質の性質に依存せず，したがって，温度 T と振動数 ν の普遍関数である．

この法則が重要なのは，明らかに，それが，自然界のすべての物体に対して同じように成り立つ1つの輻射の性質を与えるということによる．全く任意に選ばれた1つの物体についてその性質が知られさえすれば，それがただちに完全に一般的に主張できるのである．この普遍関数を実際に計算するために，のちに §161 において，ここで述べたことが役立てられよう．

§ **40** ここで，さらに，両媒質の境界面が粗い場合に注目する．この場合は，境界面のある要素によって第1媒質の内部に向けられる輻射線ビームが2つのきまった輻射線ビームからなるのではなくて，両媒質からきて境界面に当たる任意の多くのビームからなるという点で，上に考察した場合よりもはるかに一般的である．ここでは，境界面の性状に従って，しかもそれが要素ごとに任意に変化しうるから，細かい点では非常に複雑な事態になりうる．もちろん，§35によれば，両媒質における輻射の比強度 $\mathfrak{K}_\nu$ および $\mathfrak{K}'_\nu$ の値はあらゆる方向において，滑らかな境界面の場合と常に同じ値を保つ．熱力学的平衡にとって必要なこの条件が満たされていることは，ヘルムホルツの相反定理からわかる．この定理によると，定常的輻射の場合，境界面に当たってそれによって両側に散乱される輻射線には，2つの媒質それぞれの内部での場合と同じように，その境界面の同じ場所での逆過程，すなわち，さまざまな方向から当たる輻射の一定方向への集束という過程によって生ずる，同じ場所での同じ強度の反対方向の輻射線が対応する．

§ **41** 上で得られた法則をここでさらに一般化しよう．まず，§34におけるように，2つの媒質が空間的に遠くまで拡がっているという仮定を直ちに棄ててよかろう．任意の数の仕切り板を熱力学的平衡を乱すことなしに挿入することができるからである．それによって，任意の数の，任意の大

きさの，任意の形の物質の場合に移ることができるようになる．なぜなら，互いに接した任意の数の物質からなる系が熱力学的平衡にあるとき，接触面の1つあるいはそれ以上が部分的にあるいは完全に熱を通さないと仮定するならば，その平衡は何ら乱されないからである．これによって，任意の数の物質の場合から，熱を通さない覆いの中に閉じ込められた2つの物質にもどることができる．したがって，全く一般的に次のような法則を述べることができる：任意の系が熱力学的平衡にあるとき，個々の物質の輻射の比強度は普遍関数(42)によってきめられる．

§42 さて，熱を通さない覆いの中に閉じ込められ，n個の互いに隣りあって置かれた，任意の大きさと形の放出吸収を行なう物体からなる，熱平衡状態にある系を考え，再び，§36におけるように，単色で直線偏光した輻射線ビームに注目する．そのビームは，2つの媒質の境界面の要素 $d\sigma$ から第1媒質へ向かって要素円錐 $d\Omega$ 内に進む(図3，羽つき矢印をみよ)．その場合このビームによって単位時間に与えられるエネルギーは，(34)式におけるように，

$$d\sigma \cos\theta \cdot d\Omega \, \mathfrak{K}_\nu d\nu = I \qquad (43)$$

この輻射エネルギー I は，境界面で規則的な反射かあるいは乱反射されることによって第1媒質からくる部分と，第2媒質から境界面を透過してくる部分とからなる．ここ

で，この区分にとどまらないで，輻射 I を n 個の媒質から放出される個々の部分に区分しよう．この観点はこれまでのものと本質的に異なる．というのは，たとえば，第 2 媒質から境界面を通って考えているビームに入ってきた輻射線は，必ずしもすべてが第 2 媒質中で放出されたのではなく，事情によっては，さまざまの媒質を通り，長くて非常に複雑な道を経てきたかもしれないからである．その過程で，屈折，反射，散乱，そして一部分は吸収の影響を受けてきたかもしれない．同様に，第 1 媒質からきて $d\sigma$ で反射されたビームの輻射線も，すべてが第 1 媒質中で放出されたとは限らない．ある媒質で放出された輻射線が，他の媒質を通過してきて途中再びもとの媒質にもどり，そこで吸収されたり，もう一度その媒質から出ていったりすることも起こりうる．

これらのすべての可能性を考慮して，I のうち，第 1 媒質の体積要素から放出された部分を，個々の成分がどんな径路をとってきたかに関係なく I_1 で表わし，第 2 媒質の体積要素から放出された部分を I_2 で表わすというようにする．そうすると，I のすべての成分はいずれかの体積要素内で放出されたにちがいないから，

$$I = I_1 + I_2 + I_3 + \cdots\cdots + I_n \tag{44}$$

でなければならない．

§ 43 輻射 $I_1, I_2, \cdots\cdots, I_n$ を構成する個々の輻射線の起

源と軌道とを一層詳しく知るためには，逆の道をたどり，ビーム I と正反対の方向に向かって，円錐 $d\Omega$ 内の第1媒質からきて第2媒質の表面要素 $d\sigma$ に当たる輻射線ビームのその後のなりゆきを問題にすることが最も有効である．すべての光学的径路は逆の方向にたどれるから，この考察によって，その他の点ではどんなに複雑であっても，輻射線がビーム I に入ることのできる全部の軌道が得られる．境界面に向かい，同じように偏光した，この逆向きのビームの強度を J とすると，§40 に従って，

$$J = I \qquad\qquad (45)$$

となる．

　ビーム J の輻射線は，境界面 $d\sigma$ で一部は規則的反射あるいは乱反射し一部は透過する．続いて系の配置に従ってそれぞれの媒質で，一部は吸収され，一部は散乱され，一部は再び反射されるか他の媒質に透過されるかする．しかし，結局は，全ビーム J は，多くの別々の輻射線に分かれてから，n 個の媒質に完全に吸収されるであろう．J のうち，最後に第1媒質で吸収される部分を J_1，第2媒質で吸収される部分を J_2 というように書くと，

$$J = J_1 + J_2 + J_3 + \cdots\cdots + J_n$$

である．

　ここで，ビーム J の輻射線の吸収が起こる n 個の媒質の

体積要素は，上ではじめに考えたビームIの成分になる輻射線の放出が起こる体積要素と全く同じである．ヘルムホルツの相反定理によると，ビームIに入る輻射を与えないような体積要素には，ビームJから認められるほど顕著な輻射は入らないし，その逆もまた同様である．

さらに，各体積要素の吸収は(42)式に従ってその放出に比例し，ヘルムホルツの相反定理によると，輻射線がある径路を通るときに受けるエネルギーの減少は，常にその輻射線が逆の径路を通るときに受けるエネルギーの減少に等しい，ということを考えると，考えている体積要素は，放出によってビームIのエネルギーに寄与するのとちょうど同じ割合で逆のビームJの輻射線を吸収するということが明らかとなる．さらに，すべての体積要素から放出によって供給されるエネルギーの総量Iは，すべての体積要素によって吸収されるエネルギーの総量Jに等しいから，ビームJから個々の体積要素によって吸収されるエネルギー量もビームIに同じ体積要素から放出されるエネルギー量に等しいはずである．いいかえると，ある媒質中の一定の体積から放出される輻射線ビームIの部分は，同じ体積中で吸収される反対方向を向いた輻射線ビームJ $(=I)$の部分に等しい．

したがって，総量IおよびJが互いに等しいばかりでなく，その成分も，

$$J_1 = I_1, \quad J_2 = I_2, \quad \cdots\cdots, \quad J_n = I_n \qquad (46)$$

　§44　量 I_2, すなわち, 第 2 媒質から第 1 媒質に放出される輻射線ビームの強度を, G. キルヒホッフ[*9] に従って第 2 媒質の放出能 E とよび, それに対して, J に対する J_2 の比, すなわち, 第 2 媒質に入る輻射線ビームのうちそこで吸収される割合を, 吸収能 A とよぶ. したがって

$$E = I_2 \, (\leq I), \qquad A = \frac{J_2}{J} \, (\leq 1) \qquad (47)$$

　E および A は, 両媒質の性質と温度に, 考えている輻射の振動数 ν と偏光方向に, さらに, 境界面の性質に, 面要素 $d\sigma$ と開口角 $d\Omega$ の大きさに, 両媒質の表面全体の形と幾何学的な拡がりに, さらにその系内の他のすべての物体の形と性質に, それぞれ依存する. たとえば, 第 1 媒質から第 2 媒質に入った輻射線がそこで透過されるとき, それがどこか他の場所で反射され, それによって第 2 媒質にもどり, そこで吸収されることもありうるからである.

　これらの仮定のもとで, (46), (43), (45)式によって, キルヒホッフの法則,

$$\frac{E}{A} = I = d\sigma \cos\theta \cdot d\Omega \cdot \mathfrak{K}_\nu d\nu \qquad (48)$$

が成り立つ. すなわち, ある物体の吸収能に対する放出能の比はその物体の性質に依存しない. この比は, 第 1 媒質中を進む輻射線ビームの強度に等しく, それは(27)式によって第 2 媒質には全く依存しないからである. しかし, この比の値は, (42)式に従って温度と振動数の普遍関数である

のが $\mathfrak{R}_\nu$ ではなくて $q^2 \mathfrak{R}_\nu$ である限り，第1媒質の性質に依存する．G. キルヒホッフは，第1媒質中で輻射の吸収も散乱も起こらないという仮定のもとでのみ，かれの法則の証明を行なった．のちに E. プリングスハイムによって与えられた，非常に簡単な証明にも同じことがあてはまる[*10]．

§45　特に，第2媒質が黒体であるときには(§10)，それはそこに入射した輻射をすべて吸収する．したがって，$J_2 = J$，$A = 1$，および $E = I$ である．すなわち，黒体の放出能はその性質に依存しない．それは同じ温度の他のいかなる物体の放出能よりも大きく，隣接媒質内の輻射の強度に等しい．

§46　ここで，さらに立ち入った証明をせずに，別の一般的な相反定理を付け加える．それは，§43の終りに述べたことに密接に関係しており，次のように言うことができる：任意の，放出吸収する物体が熱力学的平衡にあるとき，ある物体 A によって放出される一定の色のエネルギーのうち，他の物体 B によって吸収されるエネルギーの部分は，B によって放出される同じ色のエネルギーのうち A によって吸収されるエネルギー部分に等しい．放出されるエネルギー量は物体熱の減少を，吸収されるエネルギー量は物体熱の増加を伴うということを考えると，熱力学的平衡にあるとき，任意に選ばれた2つの物体(または物体要素)は輻射によって

互いに同量の物体熱を交換するということが明らかになる.
その際, 当然, ある物体から他の物体に到達する全輻射と放
出される輻射とは区別される.

　　§ 47　量(42)に対して成り立つ法則は, 輻射の比強度 $\mathfrak{K}_\nu$
の代りに(24)を使って単色輻射の空間密度 u_ν を導入するこ
とにより, 別の形で表わされる. そこで, 熱力学的平衡にお
ける輻射の場合, 量

$$u_\nu q^3 \tag{49}$$

は, すべての物質について同じ, 温度 T と振動数 ν の関数
である[*11], という法則が得られる. ここで, 量

$$u_\nu d\nu \cdot \frac{q^3}{\nu^3} \tag{50}$$

も, T, ν, $d\nu$ の普遍関数であり, また積 $u_\nu d\nu$ は(22)式に
よって振動数が ν と $\nu+d\nu$ の間にある輻射の空間密度であ
って, 他方, 商 q/ν は考えている媒質中での振動数 ν の輻
射線の波長を表わす, ということを考えると, この法則は一
層明確な形になる. すなわち, この法則は, 次のような簡単
な意味をもつ:任意の物体が熱力学的平衡にあるとき, 1 辺
の長さが波長に等しい立方体中に含まれる単色輻射のエネル
ギーは, 一定の振動数に対してすべての物体において同一で
ある.

§48 最後に，これまで考慮されなかった透熱性媒質
(§12)の場合を考える．§27において，断熱性の覆いで囲ま
れた一定の色に対して透熱性の媒質中ではその色の輻射の
どんな強度に対しても熱力学的平衡が存在しうること，しか
し，すべての可能な輻射強度のなかで，輻射の絶対的に安定
な平衡と言われる系の全エントロピーの絶対的な極大値に
対応する一定の輻射強度が存在するはずであるということを
みてきた．実際，(27)式において輻射強度 $\mathfrak{K}_\nu$ は $\alpha_\nu = 0$ お
よび $\varepsilon_\nu = 0$ に対して $0/0$ という値をとり，この式から計算
できない．しかし別に，この不確定性は(41)式によって補
われることが直ちに分かる．この式は，熱力学的平衡におい
て，積 $q^2 \mathfrak{K}_\nu$ がすべての物質に対して同じ値をもつというこ
とを示す．これによって直ちに，すべての透熱性媒質に対し
て一定の $\mathfrak{K}_\nu$ の値が与えられ，それは他のすべての値から区
別される．この値の物理的意味も，この式が導かれた方法を
考えれば直ちに分かる．それは，透熱性媒質が任意の放出吸
収媒質に接していて，熱力学的平衡にあるときのその内部の
輻射強度である．その際，第 2 媒質の体積と形は全く問題
にならない．特に体積は任意に小さくとることができる．し
たがって，次のように法則化される：たとえ，ある透熱性媒
質において，はじめから，任意の輻射強度で熱力学的平衡が
存在しえたとしても，透熱性媒質にはそれぞれ一定の振動数
に対して一定温度で普遍関数(42)によってきめられる輻射
強度が与えられる．それは，その媒質が何らかの放出吸収物

質と定常的に輻射を交換しているとき常に生ずるので安定な
ものとよばれる.

　§ 49　§45 で述べた法則によると, 透熱性媒質における
安定な熱輻射の場合, 輻射線ビームの強度は, その媒質に接
している黒体の放出能 E に等しい. 自然界には完全黒体は
存在しないのであるが[*12], このことに基づいて, 黒体の放
出能を測る可能性がでてくる. 強く放出する壁[*13] で囲まれ
た透熱性の空洞を作り, その壁を一定温度 T に保つ. 空洞
内の輻射は, 各振動数 ν に対して熱力学的平衡状態に達す
ると同時に, その透熱性媒質の伝播速度 q に応じて普遍関
数 (42) からきめられる強度をもつ. 壁の各面要素から空洞
内に輻射がくる. それは, 壁があたかも温度 T の黒体であ
るかのように振る舞う. 壁から実際に放出される輻射線は黒
体の放出に比べて強度の点で不足しているが, それは, 壁に
当たってはね返される輻射線によって補われる. 同様に, 壁
の各面要素は同じ輻射を受ける.
　ここで壁に大きさ $d\sigma$ の非常に小さな穴をあける. 小さい
ので穴に向かう輻射の強度は変化を受けずに穴を通って外に
出る. 外も内と同じように透熱性媒質であると考えられる.
輻射は, まさに $d\sigma$ が黒体の表面であるかのような性質をも
ち, それぞれの色について, 温度 T とともに測ることがで
きる.

§ 50　これまでに述べた，透熱性媒質に対して導かれた
すべての法則は，一定の振動数について成り立つ．その際，
ある物質はある色に対して透熱性であるが他の色に対して
はそうでないことがあるということに注意すべきである．し
たがって，完全に反射する壁によって囲まれた媒質が熱力学
的平衡状態にあるとき，輻射は，媒質が有限の吸収係数を
もつすべての色に対して常に媒質の温度に対応して安定であ
り，黒体放出で表わされるか，または簡単に「黒い」とよば
れる[*14]．一方，媒質が透熱性となるすべての色に対しては，
輻射強度は，その媒質が吸収物質と定常的に輻射を交換して
いるときにのみ必ず安定で黒い．

　どんな種類の輻射線に対しても透熱性の媒質はただ1つ，
完全な真空のみであって，実際には自然界では近似的にしか
つくられない．しかし，気体，たとえば空気は，密度があま
り高くなく波長があまり短くなければ，多くの場合，実際上
は十分に近似的な，真空の光学的性質をもつ．そのような場
合である限り，伝播速度 q はすべての振動数に対して等し
く，

$$c = 3 \cdot 10^{10} \text{ cm/sec} \qquad (51)$$

とみなすことができる．

§ 51　したがって，完全に反射する壁によって囲まれた
真空中では，どの輻射状態もはじめから定常的でありうるの

だが，真空の中に任意の少量の可秤量物質を入れると，時間とともにある定常的輻射状態が得られ，そこでは，その物質によってかなりの量を吸収される色の輻射は，物質の温度に対応する一定の強度 $\Re_\nu$ をもち，それは $q = c$ として普遍関数(42)によってきめられる．しかし，残りの色の輻射強度は未定のままである．入れられた物質が，たとえば炭の小片のようにどんな色に対しても透熱性でないならば，真空中で定常的な輻射状態にあるとき，すべての色に対して，物質の温度に対応する黒体輻射の強度 $\Re_\nu$ が存在する．ν の関数とみたときの量 $\Re_\nu$ は温度にのみ依存する，真空中での黒体輻射のスペクトル分布，または，いわゆる**正常エネルギースペクトル**を与える．そして，正常スペクトル，すなわち黒体の放出スペクトルにおいては，それぞれの色の輻射強度は，物体が同じ温度で放出できる最大のものである．

§ 52　こうして，完全に反射する壁でできた排気された空洞で，はじめに優勢であった全く任意の輻射を，ほんのわずかな炭の粉を入れることによって黒体輻射に変えることができる．この過程で特徴的なことは，炭の粉の物体熱を，任意の大きさにとれる空洞内に存在する輻射エネルギーに比べていくらでも小さくできること，したがって，この場合，エネルギー保存則に従って，全輻射エネルギーはその変化のあいだ本質的に一定であることである．炭の粉の物体熱の変化は，有限の温度変化のあるときにも無視できるからである．

このとき炭の粉はただ誘発的な働きをするだけである．それは，もともと存在していた輻射の中で，さまざまの方向，さまざまの偏光，さまざまの振動数をもった輻射線ビームの強度を，互いのエネルギーを費やして，系の一層安定な輻射状態への移行，あるいは，一層大きなエントロピーの状態への移行に対応して変化させる一撃を与える．熱力学的な観点からすると，この過程は，時間が重要ではないので，一定量の爆鳴気中で一瞬の火花によってひき起こされる変化，あるいは一定量の過飽和蒸気中でほんのわずかな液滴によってひき起こされる変化に全く類似している．これらのどの場合にも，撹乱の程度はほんのわずかで，それぞれの変化にあずかるエネルギー量に比べて全く小さいので，熱力学の2つの法則を用いる場合に，平衡を乱すもとである炭の粉や火花や液滴は全く考慮に入れる必要はない．どの場合も，多かれ少なかれ不安定な状態から安定な状態への系の移行が問題であり，その際，第1主則により系のエネルギーは一定，第2主則により系のエントロピーは増大する．

第 2 部

電気力学および熱力学からの結論

第1章　マクスウェルの輻射圧

　§53　第1部では，輻射過程を表わすのに，§2で要約した，初等光学からよく知られているすべての光学理論に共通の法則を用いてきたが，以下では光の電磁理論を用い，この理論に特徴的な1つの結論を導くことから始めよう．すなわち，真空中を進む光線または熱輻射線が，静止しているとみなされる鏡面反射する(§10)面に到達したときに及ぼす，力学的な力の大きさを計算する．

　そのためにまず，真空中での電磁的過程に対する一般的なマクスウェル方程式をたてる．それは，ベクトル $\mathfrak{E}$ を電気単位で表わした電場の強さ(電場の強度)，ベクトル $\mathfrak{H}$ を磁気単位で表わした磁場の強さとすると，ベクトル計算の簡略記号を用いて，

$$\left.\begin{aligned}
\dot{\mathfrak{E}} &= c\,\mathrm{rot}\,\mathfrak{H} & \dot{\mathfrak{H}} &= -c\,\mathrm{rot}\,\mathfrak{E} \\
\mathrm{div}\,\mathfrak{E} &= 0 & \mathrm{div}\,\mathfrak{H} &= 0
\end{aligned}\right\} \qquad (52)$$

と書かれる．ここで用いた記号に慣れていない人は，次の(53)式から逆にその意味を補うことができるだろう．

　§54　任意の方向に進む平面波の場合を扱うために，す

べての状態量が，時間 t のほかに，右手直角座標系の 3 つの
座標 x', y', z' のうちの 1 つ，たとえば x' にしか依存しな
いと仮定する．そうすると，(52)式は次のようになる：

$$\left.\begin{array}{ll}
\dfrac{\partial \mathfrak{E}_{x'}}{\partial t} = 0 & \dfrac{\partial \mathfrak{H}_{x'}}{\partial t} = 0 \\[2ex]
\dfrac{\partial \mathfrak{E}_{y'}}{\partial t} = -c\dfrac{\partial \mathfrak{H}_{z'}}{\partial x'} & \dfrac{\partial \mathfrak{H}_{y'}}{\partial t} = c\dfrac{\partial \mathfrak{E}_{z'}}{\partial x'} \\[2ex]
\dfrac{\partial \mathfrak{E}_{z'}}{\partial t} = c\dfrac{\partial \mathfrak{H}_{y'}}{\partial x'} & \dfrac{\partial \mathfrak{H}_{z'}}{\partial t} = -c\dfrac{\partial \mathfrak{E}_{y'}}{\partial x'} \\[2ex]
\dfrac{\partial \mathfrak{E}_{x'}}{\partial x'} = 0 & \dfrac{\partial \mathfrak{H}_{x'}}{\partial x'} = 0
\end{array}\right\} \quad (53)$$

これから，真空中を x' 軸の正方向に進む平面波に対する一
般的表式として，

$$\left.\begin{array}{ll}
\mathfrak{E}_{x'} = 0 & \mathfrak{H}_{x'} = 0 \\[2ex]
\mathfrak{E}_{y'} = f\left(t - \dfrac{x'}{c}\right) & \mathfrak{H}_{y'} = -g\left(t - \dfrac{x'}{c}\right) \\[2ex]
\mathfrak{E}_{z'} = g\left(t - \dfrac{x'}{c}\right) & \mathfrak{H}_{z'} = f\left(t - \dfrac{x'}{c}\right)
\end{array}\right\} \quad (54)$$

が得られる．ここで，f および g は，同じ 1 つの変数の任
意の関数である．

　§ 55　この波が，鏡面反射する面，たとえば完全導体の
表面，すなわち，無限大の伝導率をもった物質(金属)の表面

76

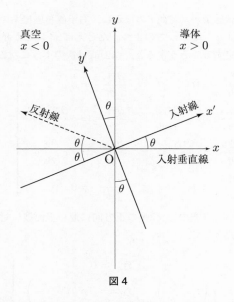

図 4

に当たったとする．このような導体中では，無限に小さな電
場の強さが有限の伝導電流を生ずるから，電場の強さ $\mathfrak{E}$ は
常にいたるところで無限に小さい．さらに簡単のために，こ
の導体を磁化されないものと仮定する．すなわち，そこでは
真空におけるのと同様に磁束密度 $\mathfrak{B}$ が磁場の強さ $\mathfrak{H}$ に等し
いと仮定する．

　右手座標系 (x, y, z) を考え，その x 軸を導体の内部に向
けて表面に垂直におく．すなわち，x 軸が入射垂直線であ

る．$(x'y')$ 平面を入射面内におき，それを図の面（図 4）にする．さらに，z 軸と z' 軸が一致するように y 軸を図の面内においても一般性を失わない（図から観ている人の方に向かう）．2 つの座標系は共通の原点 O を表面上にもつ．最後に入射角を θ とするとき，ダッシュのついた座標とつかない座標は，次の式によって互いに関係づけられる：

$$
\begin{aligned}
x &= x'\cos\theta - y'\sin\theta & x' &= x\cos\theta + y\sin\theta \\
y &= x'\sin\theta + y'\cos\theta & y' &= -x\sin\theta + y\cos\theta \\
z &= z' & z' &= z
\end{aligned}
$$

座標を，2 つの座標系での電場の強さ，あるいは磁場の強さの成分で置き換えたときにも，全く同じ変換式が成り立つ．これにより，ダッシュのつかない座標系における入射波の電場の強さおよび磁場の強さの成分について (54) 式に従って次の値が得られる：

$$
\left.
\begin{aligned}
\mathfrak{E}_x &= -\sin\theta \cdot f & \mathfrak{H}_x &= \sin\theta \cdot g \\
\mathfrak{E}_y &= \cos\theta \cdot f & \mathfrak{H}_y &= -\cos\theta \cdot g \\
\mathfrak{E}_z &= g & \mathfrak{H}_z &= f
\end{aligned}
\right\}
\tag{55}
$$

ここで，関数 f および g において変数は，

$$
t - \frac{x'}{c} = t - \frac{x\cos\theta + y\sin\theta}{c}
\tag{56}
$$

とおかれるものとする．

§ 56   2つの媒質の境界面上では $x = 0$ である．この x の値に対して，一般の電磁気の境界条件によって，境界面での場の強さの成分，すなわち，境界面の両側での4つの量 $\mathfrak{E}_y$, $\mathfrak{E}_z$, $\mathfrak{H}_y$, $\mathfrak{H}_z$ は互いに等しくなければならない．導体内では，上でなされた仮定によって電場の強さ $\mathfrak{E}$ は無限に小さい．したがって，真空内でも，$x = 0$ に対して $\mathfrak{E}_y$ および $\mathfrak{E}_z$ は0でなければならない．この条件は，真空中に入射波のほかにそれに重ね合わされる反射波を考え，しかもこの2つの波の y 方向と z 方向の電場の成分がどの瞬間にも境界面のあらゆる点で互いに打ち消し合うように重ね合わされると仮定するときにのみ満たされる．この仮定と，反射波は平面波で真空中に逆行するという条件から，反射波の残りの4つの成分も完全にきめられる．それらはすべて，変数

$$t - \frac{-x\cos\theta + y\sin\theta}{c} \tag{57}$$

の関数である．

計算を行なうと，真空中で2つの波の重ね合わせによってつくられるすべての電磁場の成分として，境界面 $(x = 0)$ の点に対して，以下の式が得られる：

$$\left.\begin{aligned}
\mathfrak{E}_x &= -\sin\theta\cdot f - \sin\theta\cdot f = -2\sin\theta\cdot f \\
\mathfrak{E}_y &= \cos\theta\cdot f - \cos\theta\cdot f = 0 \\
\mathfrak{E}_z &= g - g = 0 \\
\mathfrak{H}_x &= \sin\theta\cdot g - \sin\theta\cdot g = 0 \\
\mathfrak{H}_y &= -\cos\theta\cdot g - \cos\theta\cdot g = -2\cos\theta\cdot g \\
\mathfrak{H}_z &= f + f = 2f
\end{aligned}\right\} \tag{58}$$

ここで，(56)および(57)によって関数 f および g には変数

$$t - \frac{y\sin\theta}{c}$$

を代入する．

　上の値から，導体内部の境界面 $x=0$ にごく近くの電場の強さおよび磁場の強さとして，

$$\left.\begin{aligned}
\mathfrak{E}_x &= 0 & \mathfrak{H}_x &= 0 \\
\mathfrak{E}_y &= 0 & \mathfrak{H}_y &= -2\cos\theta\cdot g \\
\mathfrak{E}_z &= 0 & \mathfrak{H}_z &= 2f
\end{aligned}\right\} \tag{59}$$

が得られる．ここでもまた関数 f および g には変数 $t-(y\sin\theta)/c$ が代入されねばならない．$\mathfrak{E}$ の成分は完全導体中ですべて 0 であり，成分 $\mathfrak{H}_x$，$\mathfrak{H}_y$，$\mathfrak{H}_z$ は境界面ですべて連続であるからである．最後の 2 つの成分 $\mathfrak{H}_y$，$\mathfrak{H}_z$ は場の強さの接線成分であるために，また第 1 の $\mathfrak{H}_x$ は磁束密度 $\mathfrak{B}$(§55)の法線成分で，これも境界面を連続的に通るからである．

それに対して，電場の法線成分 $\mathfrak{E}_x$ は不連続である．この不連続は，境界面上に電荷があることを示す．その表面密度は符号も含めて，

$$\frac{1}{4\pi} \cdot 2\sin\theta \cdot f = \frac{1}{2\pi}\sin\theta \cdot f \qquad (60)$$

となる．導体内部では，表面から有限の距離，すなわち $x > 0$ で，6つの場の成分はすべて無限に小さい．したがって，$x = 0$ で有限の値をもつ $\mathfrak{H}_y$, $\mathfrak{H}_z$ は x の増加とともに無限に速く0に近づく．

§57 真空中に存在する電磁場によって，導体物質は一定の力学的力を受ける．この力の，表面に垂直な成分を計算する．これは，一部は電場に起因するものであり，一部は磁場に起因するものである．まず第1の $\mathfrak{F}_e$ を考える．導体表面上にある電荷は電場の中にあるから，電場の強さと電荷との積に等しい力学的力を受ける．しかし，場の強さは不連続で，真空側では $-2\sin\theta \cdot f$ であり導体側では0であるから，導体表面の面要素 $d\sigma$ に働く力学的力 $\mathfrak{F}_e$ は，よく知られた静電気学の法則に従って，(60)で計算された面要素の電荷と両側の電場の強さの算術平均とを掛けることによって得られる．すなわち，

$$\mathfrak{F}_e = \frac{\sin\theta}{2\pi}fd\sigma \cdot (-\sin\theta \cdot f) = -\frac{\sin^2\theta}{2\pi}f^2 d\sigma$$

この力は真空の方に向かって働き，張力として現われる．

§ 58　こんどは，磁場に起因する力学的力 $\mathfrak{F}_m$ を計算する．導体物質の内部には一定の伝導電流が流れる．その強度と方向は，電流密度ベクトル $\mathfrak{J}$,

$$\mathfrak{J} = \frac{c}{4\pi} \cdot \mathrm{rot}\,\mathfrak{H} \tag{61}$$

によってきめられる．導体の伝導電流の流れる空間要素 $d\tau$ には，ベクトル積

$$\frac{d\tau}{c}[\mathfrak{J} \cdot \mathfrak{H}] \tag{62}$$

によって与えられる力学的力が働く．

この力の導体表面 $(x=0)$ に対して垂直な成分は，

$$\frac{d\tau}{c} \cdot (\mathfrak{J}_y \mathfrak{H}_z - \mathfrak{J}_z \mathfrak{H}_y)$$

これに (61) 式から得られる $\mathfrak{J}_y$ と $\mathfrak{J}_z$ の値を代入すると，

$$\frac{d\tau}{4\pi} \cdot \left[\mathfrak{H}_z \left(\frac{\partial \mathfrak{H}_x}{\partial z} - \frac{\partial \mathfrak{H}_z}{\partial x} \right) - \mathfrak{H}_y \left(\frac{\partial \mathfrak{H}_y}{\partial x} - \frac{\partial \mathfrak{H}_x}{\partial y} \right) \right]$$

この式の，y と z についての微係数は，§56 の終りにのべた注意に従うと，x についての微係数に比べて無視できるほど小さい．したがって，この式は，

$$-\frac{d\tau}{4\pi} \cdot \left(\mathfrak{H}_y \frac{\partial \mathfrak{H}_y}{\partial x} + \mathfrak{H}_z \frac{\partial \mathfrak{H}_z}{\partial x} \right)$$

となる．ここで，導体中に，断面 $d\sigma$ をもつ導体表面に垂直の $x=0$ から $x=\infty$ に達する円筒を考える．この円筒に x 軸方向に働く磁場に起因する力は全部で，

$$\mathfrak{F}_m = -\frac{d\sigma}{4\pi} \int_0^\infty dx \cdot \left(\mathfrak{H}_y \frac{\partial \mathfrak{H}_y}{\partial x} + \mathfrak{H}_z \frac{\partial \mathfrak{H}_z}{\partial x} \right)$$

となる. ここで $d\tau = d\sigma \cdot dx$ である. $x = \infty$ で $\mathfrak{H}$ は零になることを考えて積分することにより,

$$\mathfrak{F}_m = \frac{d\sigma}{8\pi} (\mathfrak{H}_y^2 + \mathfrak{H}_z^2)_{x=0}$$

または, (59)式によって,

$$\mathfrak{F}_m = \frac{d\sigma}{2\pi} \cdot (\cos^2 \theta \cdot g^2 + f^2)$$

$\mathfrak{F}_e$ と $\mathfrak{F}_m$ を加えることにより, この円筒に x 軸方向に働く力は全体で,

$$\mathfrak{F} = \frac{d\sigma}{2\pi} \cos^2 \theta \, (f^2 + g^2) \qquad (63)$$

となる. これは, 導体表面に垂直な方向に導体内部に向かって働く圧力として現われ, 「マクスウェルの輻射圧」とよばれる. 輻射圧の存在とその大きさは, 最初に, P. レベデフ[*1] によってラジオメーターを使って詳細に測定され, 理論と一致することが示された.

§ 59 輻射圧を, 導体の表面要素 $d\sigma$ に時間 dt の間に当たる輻射のエネルギー Idt と関係づける. これは, ポインティングのエネルギー流の定理によって,

$$Idt = \frac{c}{4\pi} (\mathfrak{E}_y \mathfrak{H}_z - \mathfrak{E}_z \mathfrak{H}_y) d\sigma dt$$

さらに，(55)によって，

$$Idt = \frac{c}{4\pi} \cos\theta \, (f^2 + g^2) d\sigma dt$$

(63)式との比較により，

$$\mathfrak{F} = \frac{2\cos\theta}{c} \cdot I \qquad (64)$$

が得られる．

　これから，全圧力 p を計算する．すなわち，真空からきて導体に当たり，そこから完全に反射される任意の輻射が導体に垂直に及ぼす単位表面積当たりの力学的力を計算する．要素円錐

$$d\Omega = \sin\theta \, d\theta d\varphi$$

の内部の面要素 $d\sigma$ に時間 dt に照射されるエネルギーは，(6)によって，

$$Idt = K\cos\theta \cdot d\Omega d\sigma dt$$

となる．ここで K は，鏡に対して $d\Omega$ の方向の輻射の比強度である．これを(64)に代入し，$d\Omega$ について積分すると，表面に当たりそこで反射される輻射線ビームの全圧力として，

$$p = \frac{2}{c} \int K\cos^2\theta \, d\Omega \qquad (65)$$

が得られる．ここで φ についての積分は 0 から 2π まで，θ

については 0 から π/2 までとる.

とくに, K が, 黒体輻射の場合のように, 方向に依存しないときには, 全圧力として,

$$p = \frac{2K}{c} \int_0^{2\pi} d\varphi \cdot \int_0^{\pi/2} d\theta \cos^2 \theta \sin \theta = \frac{4\pi K}{3c}$$

または, (21)式により K の代りに輻射の空間密度 u を用いて,

$$p = \frac{u}{3} \tag{66}$$

が得られる.

この輻射圧の値は, さしあたり, 磁化されない完全導体の表面で輻射が反射される場合についてのみ成り立つ. したがって, 次章の熱力学的推論にもこの場合についてのみ上の値が用いられる. しかし, のちに(§66), (66)式は, 完全反射面であれば規則的に反射するか乱反射するかに関係なく, その面に対して一様な輻射が及ぼす圧力を与えるということが示されよう.

§ 60

輻射圧と輻射エネルギーの間の非常に簡単で密接な関係をみると, この関係は実際に電磁理論の特別な結果なのかどうか, それとも, 多分, もっと一般的なエネルギー的考察, あるいは, 熱力学的な考察に基礎をおいているのかどうか, ということが問題になってくる. この問題を解決するために, ニュートンの光の放出説から導かれる輻射圧を計算

する. この放出説そのものはエネルギー原理と矛盾しない.
この説によると, 真空中を通過する光線によってある一定の
面に照射されるエネルギーは, その面に当たる, 一定の速度
c で運動する光の粒子の活力(運動エネルギー)に等しい. エ
ネルギー輻射の強度が距離とともに減少することは, 光粒子
の体積密度が減少するということで簡単に説明される.

　ここで, 単位体積中に含まれる光粒子の数を n, 光粒子1
個の質量を m とする. そうすると, 平行光ビームについて,
単位時間に反射表面の要素 $d\sigma$ に入射角 θ でぶつかる粒子の
数は,

$$n \cdot c \cdot \cos\theta \cdot d\sigma \qquad (67)$$

その活力は,

$$I = nc\cos\theta\, d\sigma \cdot \frac{mc^2}{2} = nm\cos\theta \cdot \frac{c^3}{2} \cdot d\sigma \qquad (68)$$

　他方, これらの粒子による表面への法線方向の圧力をき
めるために, 各粒子の速度の法線成分 $c \cdot \cos\theta$ は反射によっ
て正反対に変えられるということに注目する. したがって,
各粒子の運動量の法線成分(運動量座標)は反射に際して
$-2mc \cdot \cos\theta$ だけ変化する. ここで問題にしているすべての
粒子についての運動量の変化は, (67)式によって,

$$-2nm\cos^2\theta \cdot c^2 d\sigma \qquad (69)$$

となる.

いま反射体が法線方向に自由に動き，光粒子の衝突以外に
何ら外力を受けないとすると，反射体は衝突によって動き出
す．そのとき反射体が一定時間内に得る運動量は，作用反作
用の法則に従って，そこで同じ時間に反射されるすべての光
粒子の運動量の変化に等しく正反対の方向である．しかし，
別に一定の力を外から反射体に働かせると，上の運動量変
化に，この外力によって与えられる運動量が加わる．これは
力積，すなわち，力と問題にしている時間間隔との積に等し
い．

　したがって，外から反射体に働く一定の力を，その一定時
間についての力積が反射体で反射される粒子の同じ時間内の
運動量変化に等しくなるように選べば，反射体は静止し続け
るであろう．このことから，粒子が衝突によって面要素 $d\sigma$
に及ぼす力 $\mathfrak{F}$ は，(69)式によって表わされるように，単位
時間の粒子の運動量変化に等しく正反対の向きであるという
ことが分かる．すなわち，

$$\mathfrak{F} = 2nm\cos^2\theta \cdot c^2 d\sigma$$

(68)を用いて，

$$\mathfrak{F} = \frac{4\cos\theta}{c} \cdot I$$

　この関係と，すべて同じ物理的意味をもつ記号で表わされ
た(64)式とを比較すると，ニュートンの輻射圧は，同じエ
ネルギー輻射の場合，マクスウェルのそれの 2 倍であるこ

とがわかる．このことからどうしても，マクスウェルの輻射
圧の値は一般的なエネルギー的考察からは導くことができ
ず，電磁理論特有のものだということになる．したがって，
マクスウェルの輻射圧から導かれる結果はすべて光の電磁理
論の結果であり，この輻射圧の確証はすべて，この特別な理
論を確証するものであるとみなされるべきである．

第 2 章　シュテファン–ボルツマン の輻射法則

§ 61　以下では，完全に排気された空のシリンダーを考
える．これには，垂直方向に摩擦なしに自由に動かせる，ぴ
ったり合ったピストンがとりつけられている．このシリン
ダーの壁の一部（たとえば固定された底）は黒体からできてい
て，その温度 T は外から自由に調節できるとする．残りの
壁とピストンの内面は完全に反射するものとする．そうする
と，ピストンが静止していて一定の温度 T に保たれている
とき，真空中の輻射は，一定時間後に，すべての方向に一様
な（§50）黒体輻射の性格をもつようになるだろう．その比強
度 K と空間密度 u は温度 T にのみ依存し，真空の体積 V，
したがってピストンの位置には依存しない．

ピストンを下に動かすと，輻射は前より小さな空間に圧縮

され，ピストンを上に動かすと，輻射はより大きな空間に膨
張する．同時に，底の黒体の温度 T も外から熱をとり入れ
たり外へ熱を出すことによって自由に変えられる．これによ
って，そのたびに定常状態が乱される．しかし，このような
V および T の変化が十分ゆるやかに行なわれれば，定常状
態の条件からのずれはいくらでも小さくしておくことができ
る．したがって，真空中の輻射状態は常に熱力学的平衡状態
にあるといっても，大して誤りではない．可秤量物質の熱力
学において，いわゆる無限にゆるやかな過程では，各瞬間に
おける平衡状態からのずれは，問題にしている系が全過程を
通じて受ける変化に比べて無視できるが，その場合と全く同
じである．

　たとえば，底の黒体の温度を一定に保つとしよう．これは
大きな容量をもった熱溜と適当に接続させることにより可
能である．すると，ピストンを上げたときには黒体は，新し
くできた空間が前と同じ輻射密度で満たされるまで，吸収
より放出を強く行なうだろう．逆にピストンを下げたときに
は，黒体は，温度 T に対応する始めの輻射に再びもどるま
で，余分の輻射を吸収するだろう．同様に，黒体の温度 T
の上昇はほんのわずかだけ温かい熱溜からの熱伝導によって
ももたらされるが，その場合，真空中の輻射密度はそれに応
じて余分の放出によって高められる，云々．輻射平衡に一層
はやく到達させるために，シリンダーの反射する内壁を「白
い」(§10) と仮定することができる．ピストンの運動方向に

よって生ずる輻射の方向性が，乱反射によって一層はやく除かれるからである．しかし，ピストンの反射面としては，さしあたり，ピストンに対するマクスウェルの輻射圧(66)の妥当性を保証するため，完全な金属鏡を選ぶ．そうすると，力学的平衡を得るためにはピストンに輻射圧 p とピストンの断面積との積に等しいおもりを載せなければならない．載せるおもりがその値とごくわずかちがっていると，それに対応してゆるやかなピストンの運動がどちらか一方の方向にひき起こされる．

　ここで注目している過程において問題の系，すなわち輻射線の通る空洞が外部から受ける影響は，一部は力学的な性質のもの（おもりを載せたピストンの変位）であり，一部は熱的性質のもの（熱溜へのまたは熱溜からの熱伝導）であるから，そこには熱力学で通常考察される過程との一定の類似性がある．ただ，ここで基礎におかれる系は，たとえば気体のような物質的なものではなくエネルギー的なものであるという点が異なる．しかし，ここでいたるところで仮定することだが，熱力学の主法則が自然界において普遍妥当性をもつならば，それはここで考察している系についても成り立たねばならない．すなわち，自然界に起こるどんな変化においても，その変化に関与するすべての系のエネルギーは一定に保たれねばならない（第1主則），また，変化に関与するすべての系のエントロピーは増大せねばならない，極限の場合の可逆的過程では変化しないで保たれねばならない（第2主則）と

いうものである.

§ 62　まず，考えている系の無限小の変化に対する第1
主則の式をたてる．輻射を含む空洞には一定のエネルギーが
あることが，すでに(§22)エネルギー輻射は有限の速度で伝
播するという事実から導かれた．それをUと書く．そうす
ると，

$$U = V \cdot u \qquad (70)$$

である．ここでuは輻射の空間密度で，底の黒体の温度T
にのみ依存する．

空洞の体積VがdVだけ増えるとき，系によって外から
の圧力(おもりを載せたピストンの重さ)に抗してなされる仕
事は$p \cdot dV$である．ここでpはマクスウェルの輻射圧(66)
を表わす．これだけの力学的エネルギーが，おもりがもち上
げられて，系の外部に与えられる．ここで体積変化のあいだ
反射面が動いているときにも静止面への輻射圧を使うが，こ
のことによって起こる誤差は明らかに無視される．任意に小
さな速度で動くと考えられるからである．

さらにQを力学的単位ではかった無限小の熱量で，底の
黒体から輻射を含む空間に余分に放出されるものとすると，
底の物体あるいはそれに接触している熱溜はそれだけの熱
Qを失い，これによってその量だけ内部エネルギーを減ず
る．熱力学の第1主則によれば，輻射エネルギーと物体の

エネルギーの総量は一定であるから,

$$dU + pdV - Q = 0 \qquad (71)$$

　熱力学の第 2 主則によると, 輻射を含む空間も一定のエントロピーをもつ. 熱溜から空洞に熱 Q が放出されるとき, 熱溜のエントロピーは減少し,

$$-\frac{Q}{T}$$

だけ変化するからである.

　他の物体には何の変化も生じないので――かたい, 完全に反射するピストンとそれに載せられたおもりとは, 動いていても内部状態には変化がないからである――, エントロピー変化の補償として少なくとも Q/T だけの量が自然界のどこかに生じ, それによって上のエントロピーの減少が補われねばならない. それには輻射を含む空洞のエントロピーしか考えられない. それを S で表わそう.

　ところで, ここで述べた過程は全く平衡状態だけからなるから, 完全に可逆的である. したがって, エントロピーの増大は起こらず,

$$dS - \frac{Q}{T} = 0 \qquad (72)$$

または, (71)式から,

$$dS = \frac{dU + pdV}{T} \qquad (73)$$

が得られる.

　この式で，量 U, p, V, S は熱輻射の一定の性質を表わし，ある瞬間の輻射の状態によって完全にきめられる．したがって，量 T も輻射の状態を示す一定の性質である．すなわち，空洞内の黒体輻射は一定の温度 T をもち，この温度は輻射と熱平衡にある物体の温度である．

　§ 63 最後の式から，考えている系の状態，したがってまたそのエントロピーは 2 つの独立変数の値によってきめられるという事情から導かれる結論を示そう．第 1 の変数として V をとるとすると，第 2 の変数として，T, u, p のうちのいずれか 1 つをとることができる．この 3 つの量のうちの 2 つは残りの第 3 の量だけからきめられる．体積 V と温度 T を独立変数と考えよう．そうすると，(66) と (70) を (73) に代入して，

$$dS = \frac{V}{T} \frac{du}{dT} dT + \frac{4u}{3T} dV \tag{74}$$

が得られる．これから，

$$\left(\frac{\partial S}{\partial T} \right)_V = \frac{V}{T} \frac{du}{dT} \quad \text{および} \quad \left(\frac{\partial S}{\partial V} \right)_T = \frac{4u}{3T}$$

第 1 式を V について，第 2 式を T について偏微分すると，

$$\frac{\partial^2 S}{\partial T \partial V} = \frac{1}{T} \frac{du}{dT} = \frac{4}{3T} \frac{du}{dT} - \frac{4u}{3T^2}$$

または，

$$\frac{du}{dT} = \frac{4u}{T}$$

積分すると,

$$u = aT^4 \tag{75}$$

となり, (21)により黒体輻射の比強度として,

$$K = \frac{c}{4\pi} u = \frac{ac}{4\pi} \cdot T^4 \tag{76}$$

さらに, 黒体輻射の圧力として,

$$p = \frac{a}{3} T^4 \tag{77}$$

輻射の全エネルギーとして,

$$U = aT^4 \cdot V \tag{78}$$

が得られる. 黒体輻射の空間密度と比強度が絶対温度の4乗に比例するというこの法則は, 最初に J. シュテファン[2]によってかなり粗い測定によって提出され, のちに L. ボルツマン[3] によって熱力学的な基礎の上にマクスウェルの輻射圧から導かれた. そして最近, O. ルンマーと E. プリングスハイム[4] による 100℃ と 1300℃ の間の精密な測定によって確かめられている. このとき温度は気体温度計できめられた. さまざまの気体温度計の指示が互いにもはや十分一致しないか, あるいは不明確であるような温度領域において高い精度が要求される場合, シュテファン-ボルツマンの輻射

法則は，個々の物質に依存しない絶対的な温度の定義に用いられる．

§ 64　定数 a の数値は，F. カールバウム[*5] の測定から得られる．それによると，$t\,℃$ の黒体の $1\,\mathrm{cm}^2$ から 1 秒間に空気中に放射される全エネルギーを S_t で表わすと，

$$S_{100} - S_0 = 0.0731\ \mathrm{Watt/cm}^2 = 7.31 \cdot 10^5\ \mathrm{erg/cm}^2\,\mathrm{sec}$$

ここで，空気中での輻射は真空中での輻射とほとんど同じであるから，(7)と(76)から，

$$S_t = \pi K = \frac{ac}{4} \cdot (273 + t)^4$$

とおかれ，

$$S_{100} - S_0 = \frac{ac}{4} \cdot (373^4 - 273^4)$$

が得られる．したがって，

$$a = \frac{4 \cdot 7.31 \cdot 10^5}{3 \cdot 10^{10} \cdot (373^4 - 273^4)} = 7.061 \cdot 10^{-15} \frac{\mathrm{erg}}{\mathrm{cm}^3\,\mathrm{grad}^4}$$

〔grad は温度の単位を指す．ここでは K を指す．〕　　　　(79)

§ 65　黒体輻射エントロピーの大きさは微分方程式(73)の積分によって，

$$S = \frac{4}{3} aT^3 \cdot V \qquad (80)$$

となる．ここで重要でない付加定数は省いてある．これから，単位体積当たりのエントロピー，あるいは**黒体輻射のエントロピーの空間密度**は，

$$\frac{S}{V} = s = \frac{4}{3} aT^3 \qquad (81)$$

§ 66　次に，前章で計算したマクスウェルの輻射圧の値を適用するためになされねばならなかった制限仮定を除こう．これまで，シリンダーは固定され，ピストンだけが自由に動きうるものと仮定してきた．これからは，シリンダーと黒い底とシリンダーの内部に底から一定の高さのところにとりつけられたピストンからなる容器全体が空間を自由に動けるものと考える．この容器は，外からは何ら力が働かないので，全体として作用反作用の原理に従ってずっと静止しつづけねばならない．これは，作用反作用の原理がこの場合に成り立つということをはじめから認めなくても結論されねばならないことである．なぜなら，この容器がもし運動しはじめたとすると，その運動の活力は，かたい覆いで囲まれたこの系の中で自由に使えるエネルギーは底の物体の熱か輻射エネルギーしかないから，それらを費やすことで生じ，その物体あるいは輻射のエントロピーもエネルギーとともに減少しなければならない．これは，そのほかにエントロピーの変化が

自然に起こらないから，熱力学の第2主則に反することになる．したがって，容器は全体として力学的平衡にある．このことから直ちに次のことが結論される：黒い底への輻射圧は反対方向の反射するピストンへの輻射圧に等しく，したがって，黒体輻射の黒体への圧力は同じ温度の反射物体への圧力に等しい．さらに，同じことが，定常的な輻射状態を何ら乱すことなくシリンダーの底にあるものとみなせる任意の完全反射面に対して容易に証明される．よって，これまでのすべての考察において，反射金属を，底の物体と同じ温度の任意の完全反射体あるいは黒体によって置き換えることもできる．そして一般的な法則として，輻射圧はゆきかう輻射の性質にのみ依存し，それをとり囲む物質の性質には依存しないと言うことができる．

§67　ピストンを上げたとき底の黒体の温度が熱溜からの熱の供給によって一定に保たれるならば，この過程は等温的である．そこでは，温度Tと同様に，エネルギー密度u，輻射圧p，エントロピー密度sも一定に保たれる．したがって，輻射の全エネルギーは$U=uV$から$U'=uV'$に，エントロピーは$S=sV$から$S'=sV'$に増大し，熱溜から供給される熱として，一定のTのときの(72)の積分によって，

$$Q = T \cdot (S' - S) = Ts \cdot (V' - V)$$

または，(81)および(75)によって，

$$Q = \frac{4}{3}aT^4(V'-V) = \frac{4}{3}(U'-U)$$

が得られる.

　外から供給される熱は輻射エネルギーの増加量 $(U'-U)$ を $(1/3)(U'-U)$ だけ上まわることが分かる. この熱の過剰分は輻射の体積の増加に伴って外に仕事をするのに必要なものである.

　§ 68　可逆断熱過程を考えよう. そのために, ピストンとシリンダーの内壁面ばかりでなく底も完全に反射するもの, たとえば「白い」と仮定しなければならない. そうすると, 輻射空間の圧縮あるいは膨張に際して外から供給される熱は $Q=0$ で, 輻射のエネルギーは外への仕事の量 $p \cdot dV$ だけ変化する. 有限の断熱過程で輻射があらゆる瞬間に完全に安定である, すなわち, 黒体輻射の特性をもつということを確実にするために, 排気された空洞内に炭の小片があると仮定する. この小片は, どんな種類の輻射線に対しても零以外の吸収能をもつとみなされ, 空洞中の輻射の安定な平衡を確立するために(§51 以下), したがって過程の可逆性を保証するためにのみ用いられる. その間, 小片の熱は輻射エネルギー U に比べて非常に小さいと仮定することができるので, その温度がかなり変化してもそれに必要な熱の供給は全く無視される. そのとき, この過程の各瞬間に絶対的に安定な輻射の平衡が得られ, 輻射は空洞中の小片の温度をもつ. 小片

の体積，エネルギー，エントロピーは全く無視できる．

可逆断熱変化の場合には，(72)によって系のエントロピー S は一定に保たれる．したがって，この過程の条件として(80)から，

$$T^3 \cdot V = \text{const}$$

または，(77)に従って，

$$p \cdot V^{4/3} = \text{const}$$

が得られる．すなわち，断熱圧縮では，輻射の温度と輻射圧とは上述の仕方で上昇・増大する．この場合，輻射のエネルギー U は，法則，

$$\frac{U}{T} = \frac{3}{4} S = \text{const}$$

に従って変化する．すなわち，エネルギーは，体積の減少にもかかわらず，絶対温度に比例して増大する．

§ 69 最後にもう1つの例として，非可逆過程の簡単な場合を考察しよう．まわりを完全反射壁で囲まれた，体積 V の空洞が，黒体輻射で一様に満たされているとする．この壁の1個所に栓を回すなどして小さな穴をあけ，そこを通って輻射が別の同じように完全に反射するかたい壁に囲まれた十分に排気された空間にもれ出るようにしておく．輻射は最初非常に不規則な性質をもつだろう．しかし，ある時

間の後には定常的な輻射状態が出現し，体積の和がたとえば
V' の 2 つの連結した空間を一様に満たすだろう．炭の小片
があることで，この新しい状態で黒体輻射の条件がすべて満
たされていることは保証されているとしよう．そこでは，外
への仕事も外からの熱の供給も起こらないので，第 1 主則
から，新しい状態におけるエネルギーは古い状態におけるも
のに等しく，$U' = U$ であり，したがって (78) によって，

$$T'^4 V' = T^4 V$$

$$\frac{T'}{T} = \sqrt[4]{\frac{V}{V'}}$$

これによって新しい平衡状態は完全にきめられる．$V' > V$
であるから，輻射の温度はこの過程によって低められる．

　　第 2 主則に従って，系のエントロピーは増大しているは
ずである．外部に何の変化も起こっていないからである．実
際，(80) から，

$$\frac{S'}{S} = \frac{T'^3 V'}{T^3 V} = \sqrt[4]{\frac{V'}{V}} > 1 \qquad (82)$$

§ 70　体積 V から体積 V' への輻射の非可逆断熱膨張過
程が，いま述べたのと全く同じように起こり，ただ，真空中
に炭の小片が置かれていないということだけが違っている
ときには，空洞の壁での乱反射によって一定時間の後に生じ
る一様な輻射状態が確立して後，新しい体積 V' での輻射は

もはや黒体輻射の性質をもたず，したがって一定の温度ももたないだろう．しかしながら，輻射は，一定の状態にあるすべての物理的な系と同様に，一定のエントロピーをもつ．これは第2主則に従ってはじめのエントロピー S よりは大きいが，上の(82)で表わされた S' ほど大きくはない．それはのちにのべる法則に基づかなければ計算できない(§103を参照)．次にその真空中に炭の小片を入れると，第2の非可逆過程によって絶対的に安定な輻射の平衡が得られ，そこでは輻射は全エネルギー一定のとき黒体輻射の正常エネルギー分布をとり，エントロピーは(82)によって与えられる最大値 S' に増大する．

第3章　ヴィーンの変位則

　§71　シュテファン-ボルツマンの法則によって黒体輻射の空間密度 u と比強度 K の温度依存性はきめられても，それによって，一定の振動数 ν に関係する空間輻射密度 u_ν と単色輻射の比強度 $\mathfrak{K}_\nu$ についての知識は，比較的わずかしか得られない．u_ν と $\mathfrak{K}_\nu$ は(24)式によって互いに関係づけられ，u，K とは(22)式と(12)式によって関係づけられてはいる．真空内での，あるいは(42)に従って任意のすべての媒質中での，黒体輻射に対する u_ν および $\mathfrak{K}_\nu$ を，ν および T

の関数としてきめる問題，いいかえれば，任意の温度に対する正常スペクトルにおけるエネルギー分布をきめる問題は，熱輻射論の主要な課題の 1 つである．この課題の解決への重要な一歩は，W. ヴィーンによって述べられた，いわゆる，「変位則」*6 である．その重要性は，2 つの変数 ν, T の関数 u_ν, $\mathfrak{K}_\nu$ が 1 つの変数の関数になったことにある．

　ヴィーンの変位則の出発点は次の定理である．§68 で述べたように，十分に排気され完全反射壁で囲まれた空洞内に閉じ込められた黒体輻射が，断熱的に無限にゆるやかに圧縮され，あるいは膨張させられるとき，輻射は，真空中に炭の小片がなくても，黒体輻射の性質を常にもちつづける．この過程は完全な真空の中で，§68 で述べたのと全く同じように起こり，そこで用心のために使った炭の小片の挿入は余計なものになることが分かる．もちろんそれはこの特別な場合にだけであって，§70 で述べたような場合にはそうはならない．

　ここで述べた定理の正当性は，下記により明らかになる．黒体輻射で満たされ十分排気された空のシリンダーを，始めの体積の有限の小部分にまで断熱的に無限にゆるやかに圧縮する．圧縮が終ってのち，輻射がもはや「黒く」なくなっていたとすると，安定な熱力学的平衡でもなくなっている（§51）．そこで，炭の小片を入れる．ただしこの小片は輻射エネルギーに比べて無視しうるほどの物体熱しかもっていない．この挿入によって，輻射の一定の全エネルギー，一定の体積のもとで，ある有限の変化，すなわち，絶対的に安定

な輻射状態への移行をひき起こし，それとともに系の有限の
エントロピー増大をひき起こすことができよう．当然この変
化はスペクトル的な輻射密度 u_ν にのみかかわるもので，全
エネルギー密度 u は一定に保たれる．そののち，炭の小片
を空間に入れたまま，空のシリンダーを再びもとの体積に断
熱的に無限にゆるやかに拡げ，そうしてから炭の小片を取り
除く．こうして系は外部に何ら変化を残さないで循環過程を
行なったことになる．熱は全く流出入しないし，圧縮でなさ
れた力学的仕事は膨張で再び完全にとりもどされるからであ
る．なぜなら力学的仕事は輻射圧同様，全輻射エネルギー密
度 u にのみ依存し，そのスペクトル分布には依存しないか
らである．それゆえ，熱力学の第1主則に従って，終りの
輻射の全エネルギーは始めにおけるのと同じであり，したが
って黒体輻射の温度も始めと同じである．炭の小片とその変
化は考慮に入れない．そのエネルギーもエントロピーも系の
それらの値に比べて無視できるほど小さいからである．した
がって，この過程はすべての点で詳細に逆行でき，自然に何
ら永続的変化を生じないで何回でも繰り返すことができる．
これは，上で行なった，エントロピーが有限量増大するとい
う仮定に反する．なぜなら，そのような増大は，一たび起こ
ると，どんな仕方によっても完全な逆行はできないからであ
る．したがって，炭の小片を輻射空間に入れることによって
何ら有限のエントロピーの増大はひき起こされず，輻射は前
からずっと安定な平衡状態にあったのである．

§ 72　この重要な証明の本質をなお一層きわだたせるために，幾分わかりやすい類似の考察を行なう．空洞があって，その中に始め飽和状態の蒸気がある．それが断熱的に無限にゆるやかに圧縮されたとする．

「そうすると，蒸気は任意の有限な断熱圧縮に際して常に飽和状態に保たれる．なぜなら，たとえば，圧縮の際に過飽和になったとする．始めの体積の一定の小部分に圧縮されてのち，無視できるほどの質量と熱容量しかもっていない，わずかの液滴を挿入する．この挿入によって，一定の体積，一定の全エネルギーのもとで，一定量の蒸気の凝縮とそれに伴う安定状態への有限の移行，したがって系のエントロピーの有限量の増大をひき起こすことができよう．そののち，体積を再び断熱的に無限にゆるやかにすべての液体が蒸発するまで膨張させることができよう．したがって，この過程は完全に逆行させられる．これは，仮定したエントロピー増大に反する」．

このような証明の仕方は，上述の過程によって生じた変化は決して完全には逆行されないから，誤りであろう．なぜなら，過飽和蒸気の圧縮の際になされる力学的仕事は飽和蒸気の膨張の際に再び得られる仕事に等しくないから，系の一定体積に，圧縮のときと膨張のときとでちがったエネルギーが対応し，液体がすべて再び蒸気になったときの体積は始めの体積に等しくないからである．したがって，仮定された類推は無力であり，上にカギ括弧をつけた主張も誤りである．

§73　ここで再び§68で述べた可逆断熱過程を考える。白い壁と白い底をもった排気されたシリンダーの中に黒体輻射があるとき，完全に鏡のように反射する金属からなるピストンを無限にゆるやかに下げる過程である。ただ，今度の場合はシリンダー中に炭の小片がないという点が違っている。この過程は以前と全く同じように起こることが分かる。しかし，ここでは輻射の放出吸収が全く起こらないので，系の個々の輻射線ビームが受ける色と強度の変化を説明することができる。このような変化は，当然，動いている金属鏡での反射の際に生じるのであって，静止している壁や底での反射の際には生じない。

反射するピストンが一定の無限小の速度 v で下がるとき，その間にピストンに当たる単色輻射線ビームは，反射するときに色，強度，方向の変化を受けるだろう。こういったさまざまの影響を順に考察しよう[*7]。

§74　まず，単色輻射線が無限にゆるやかに運動する鏡での反射によって受ける色の変化を問題にする。そのために，はじめに，輻射線が法線方向に下から上に向かって鏡に当たり，そこから法線方向に上から下に反射される場合を考える。平面 A（図5）は時刻 t での鏡の位置を示し，平面 A' は時刻 $t+\delta t$ での位置を示す。鏡の速度を v とすると，間隔 $AA' = v \cdot \delta t$. 輻射を含む真空中に，鏡から適当な距離のところに鏡と平行に置かれた静止面 B を考える。λ を鏡に

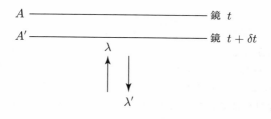

図 5

入射する輻射線の波長，λ' を鏡によって反射された輻射線の波長とすると，輻射を含む真空の間隔 AB には，時刻 t において，AB/λ の入射波と AB/λ' の反射波がある．これは，たとえば，時刻 t での 2 つの輻射線のそれぞれのさまざまの点での電場の強さが，正弦曲線の形を描くと考えると分かりやすくなる．したがって，時刻 t で AB 間の空間には全体で，入射線と反射線とを合わせて，

$$AB \cdot \left(\frac{1}{\lambda} + \frac{1}{\lambda'} \right)$$

の波がある．この数は非常に多いので，これが整数か否かは問題にならない．

　同様に，時刻 $t+\delta t$ で鏡が A' にあるとき，$A'B$ 間の空間には全体で，

$$A'B \cdot \left(\frac{1}{\lambda} + \frac{1}{\lambda'} \right)$$

の波がある.

　この数は，始めの数よりも小さいだろう．より狭い空間 $A'B$ には，始めのより広い空間 AB におけるほど多くの数の2種の波を含む余地はないからである．残りの波は，時間 δt の間に，運動する鏡と静止面 B の間の空間から押し出されるにちがいない．そしてそれは平面 B を通って下に行くだろう．なぜなら，他の方法では考えている空間から波を消滅させることはできないからである．

　いま，静止面 B を通って時間 δt に上方に $\nu \cdot \delta t$ の波が，下方に $\nu' \cdot \delta t$ の波が行く．したがって，その差は，

$$(\nu' - \nu)\delta t = (AB - A'B) \cdot \left(\frac{1}{\lambda} + \frac{1}{\lambda'} \right)$$

あるいは，

$$AB - A'B = v \cdot \delta t \quad \text{および} \quad \lambda = \frac{c}{\nu}, \quad \lambda' = \frac{c}{\nu'}$$

であるから，

$$\nu' = \frac{c+v}{c-v} \cdot \nu$$

あるいは，v が c に比べて無限に小さいから，

$$\nu' = \nu \left(1 + \frac{2v}{c} \right)$$

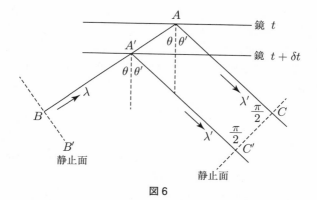

図 6

§ 75 輻射が鏡に法線方向に当たるのではなく，入射角
θ で当たるときにも，全く同様の考察を行なうことができ
る．ただ，時刻 t での注目している一定の輻射線 BA と鏡
との交点 A と，同じ輻射線の時刻 $t+\delta t$ での鏡との交点 A'
とは鏡面上のちがう場所にある（図 6）というちがいがある．
時刻 t に行路 BA にある波の数は BA/λ．同様に，同じ時
刻 t に行路 AC にある波の数は AC/λ' である．ただし AC
は点 A と，真空中に静止している反射輻射線の波面 CC' と
の距離である．したがって，時刻 t に考えている輻射線の行
路 BAC には，全体で，

$$\frac{BA}{\lambda}+\frac{AC}{\lambda'}$$

の波がある．ここでさらに，反射角 θ' は入射角に厳密には

108

等しくなく，簡単な幾何学的考察から分かるように，わずか
に小さいことに注意しよう．しかし，θ と θ' との差はここ
の計算には重要でないことが示されるであろう．

　さらに，時刻 $t+\delta t$ には，鏡は A' を通り，行路 $BA'C'$
には，

$$\frac{BA'}{\lambda} + \frac{A'C'}{\lambda'}$$

の波がある．この数は始めの数より小さく，その差は，時間
δt のあいだに，静止面 BB' と静止面 CC' のあいだの空間
から全体として押し出される波の数に等しいはずである．

　ここで，時間 δt に平面 BB' を通ってその空間に $\nu \cdot \delta t$ の
波が入っていき，平面 CC' を通って $\nu' \cdot \delta t$ の波がその空間
から出ていく．したがって，

$$(\nu' - \nu) \cdot \delta t = \left(\frac{BA}{\lambda} + \frac{AC}{\lambda'} \right) - \left(\frac{BA'}{\lambda} + \frac{A'C'}{\lambda'} \right)$$

$$\text{ただし，} \quad BA - BA' = AA' = \frac{v \cdot \delta t}{\cos \theta}$$

$$AC - A'C' = AA' \cdot \cos(\theta + \theta')$$

$$\lambda = \frac{c}{\nu}, \qquad \lambda' = \frac{c}{\nu'}$$

である．

　したがって，

$$\nu' = \frac{c \cos \theta + v}{c \cos \theta - v \cos(\theta + \theta')} \cdot \nu$$

この関係は，運動する鏡の速度がどんな大きさでも成り立つ．ここでは v が c に比べて無限に小さいから，さらに簡単になって，

$$\nu' = \nu \cdot \left(1 + \frac{v}{c\cos\theta} \cdot [1 + \cos(\theta + \theta')]\right)$$

角 θ および θ' の差はいずれにせよ，v/c の大きさの程度である．したがって，θ' を θ で置き換えても認めうるほどの誤差はない．よって，斜めに入射したときの反射輻射線の振動数として，

$$\nu' = \nu \cdot \left(1 + \frac{2v\cos\theta}{c}\right) \tag{83}$$

が得られる．

§ 76　これまで述べたことから，運動している鏡に当たる輻射線の振動数は，反射によって，鏡が輻射に向かって運動しているときには増大し，鏡が入射輻射の方向に運動しているとき $(v < 0)$ には減少するということが明らかになる．しかし，運動している鏡に入射する一定の振動数 ν をもった輻射は，全体では決して単色輻射として反射されず，反射の際の色の変化は本質的に入射角 θ に依存する．したがって，一定方向の 1 本の輻射線ビームの場合にのみ，色のスペクトル的な一定の「変位」について言うことができ，それに対して，単色輻射全体の場合には，せいぜいスペクトル的な「分散」についてしか言えるところがない．色の変化は，

法線方向に入射したとき最大であり，すれすれに入射したとき全くなくなる．

§ 77 第2に，運動している鏡がそれに当たる輻射に与えるエネルギー変化を，始めから斜めに入射する一般的な場合について考えよう．単色の偏光していない無限に細い輻射線ビームを考え，それが入射角 θ で鏡の面要素に当たるとき，時間 δt に $I \cdot \delta t$ のエネルギーを鏡に与えるとする．そのとき，鏡に対して法線方向の輻射線ビームの力学的圧力は，(64)式によって，非常に小さな量を無視して，

$$\mathfrak{F} = \frac{2 \cos \theta}{c} \cdot I$$

鏡の運動の際に時間 δt に入射輻射に対して外からなされる仕事は，同じ近似の程度で，

$$\mathfrak{F} v \delta t = \frac{2 v \cos \theta}{c} \cdot I \delta t \tag{84}$$

である．エネルギー保存の原理によって，この仕事量は反射された輻射のエネルギーに再び現われねばならない．したがって，反射輻射線ビームは入射ビームよりも大きな強度をもち，時間 δt にエネルギーは，[*8]

$$I \delta t + \mathfrak{F} v \delta t = I \left(1 + \frac{2 v \cos \theta}{c} \right) \delta t = I' \delta t \tag{85}$$

したがって，次のようにまとめて言うことができる：入射角 θ で入射する偏光していない要素輻射線ビームが，輻射に対

して無限に小さな速度 v で運動する鏡に反射されることによって，時間 δt に，ν から $\nu + d\nu$ までの振動数の輻射のエネルギー $I\delta t$ は，振動数区間 $(\nu', \nu' + d\nu')$ の輻射のエネルギー $I'\delta t$ に変えられる．ここで，I' は (85) によって，ν' は (83) によって，それに対応する反射ビームのスペクトル幅 $d\nu'$ は，

$$d\nu' = d\nu \left(1 + \frac{2v \cos \theta}{c} \right) \qquad (86)$$

によって与えられる．これらの値の比較から，

$$\frac{I'}{I} = \frac{\nu'}{\nu} = \frac{d\nu'}{d\nu} \qquad (87)$$

この変化に現われてこなかった輻射エネルギーの絶対量は (13) 式に従って，

$$I \cdot \delta t = 2\mathfrak{K}_\nu d\sigma \cos \theta \, d\Omega d\nu \delta t \qquad (88)$$

ゆえに新しく生じた輻射エネルギーの絶対量は (85) によって，

$$I'\delta t = 2\mathfrak{K}_\nu d\sigma \cos \theta \, d\Omega d\nu \left(1 + \frac{2v \cos \theta}{c} \right) \delta t \qquad (89)$$

　厳密にいえば，この 2 つの表式には，無限小の補正を行なう必要がある．I は静止面要素 $d\sigma$ へのエネルギー輻射を表わすが，輻射線ビームに対する $d\sigma$ の運動によって入射輻射は若干増大するからである．しかしながら，それに対応する付加項はここでは無視してもさしつかえない．2 つの表式

の差，$(I'-I)\delta t$ は(84)によって表わされ，明らかに補正には大して影響されないからである．

§78 最後に，運動している鏡での反射によって輻射線が受ける方向の変化については，ここでは全く計算する必要はない．鏡の運動が十分ゆるやかに行なわれさえすれば，輻射の非等方性はすべて直ちに，容器の壁でさらに反射されることによってならされてしまうからである．ピストンが非常に短い径路を非常に小さい速度で進んだのち，ある時間のあいだ静止しつづけるなら，存在する輻射の非等方性はすべてその間に空のシリンダーの白い壁での反射によって消えてしまう．全過程を非常に多くのそのような小さな区間に分けて考えることができる．このやり方を十分ゆるやかにつづけるならば，始めの体積の何分の1にも小さくなるまで輻射を圧縮することができ，その際，輻射は常にあらゆる方向に一様であると考えることができる．この絶え間なく働く補償過程は，もちろん，輻射の方向による差異についてのみ関わることである．なぜなら，明らかに，輻射の色の変化も強度の変化も一度起これば，どんなに小さな量でも，静止している反射壁全体からの反射によって，時間とともに一様にならされることは決してなく，変化せずに存在しつづけるからである．

§79 これまでに得られた諸法則を使って，一様な輻射

で満たされた十分に排気されたシリンダーを無限にゆるやかに断熱圧縮した場合の，各振動数に対する輻射密度の変化を計算することができる．そのために，時刻 t での一定の無限小の振動数区間，すなわち ν と $\nu+d\nu$ の間にある輻射に注目し，この一定の区間にある輻射の全エネルギーが時間 δt の間に受ける変化を問題にする．

　時刻 t でのこの輻射エネルギーは (22) によって $Vu \cdot d\nu$，時刻 $t+\delta t$ では $(Vu+\delta(Vu)) \cdot d\nu$ であるから，計算すべき変化は，

$$\delta(Vu) \cdot d\nu \tag{90}$$

である．単色の輻射密度 u はここでは互いに独立の 2 つの変数 ν および t の関数と考えられ，それらの微分は d および δ によって区別される．

　単色輻射エネルギーの変化は，運動する鏡での反射の際にのみ起こり，第 1 に，時刻 t において区間 $(\nu, \nu+d\nu)$ に属する輻射線が反射の際に受ける色の変化によってこの区間から出ていき，第 2 に，時刻 t に区間 $(\nu, \nu+d\nu)$ 内にない輻射線が反射の際に受ける色の変化によってこの区間に入ってくることによる．この 2 つの影響を順に計算する．この区間の幅 $d\nu$ は非常に小さく，

$$d\nu\ \text{は}\ \frac{v}{c} \cdot \nu\ \text{に比べて小さい} \tag{91}$$

と仮定するならば，この計算は本質的に簡単になる．これ

は，$d\nu$ と v とが互いに全く依存しないので可能である．

§ 80 時刻 t において区間 $(\nu, \nu+d\nu)$ に属し，時間 δt に運動している鏡での反射によってこの区間から出ていく輻射線は，すべて，時間 δt の間に運動している鏡に当たるものである．そのような輻射線が受ける色の変化は，(83)および(91)により区間の幅 $d\nu$ に比べて大きいからである．したがって，時間 δt のあいだに区間 $(\nu, \nu+d\nu)$ の輻射線によって鏡に照射されるエネルギーのみを計算すればよい．

入射角 θ で鏡面の要素 $d\sigma$ に入射する要素輻射線ビームに対して，このエネルギーは(88)および(5)によって，

$$I\delta t = 2\mathfrak{K}_\nu d\sigma \cos\theta \, d\Omega d\nu \delta t = 2\mathfrak{K}_\nu d\sigma \sin\theta \cos\theta \, d\theta d\varphi d\nu \delta t$$

したがって，全鏡面 F に入射する全単色輻射に対しては，φ について 0 から 2π まで，θ について 0 から $\pi/2$ まで，$d\sigma$ について 0 から F まで積分することにより，

$$2\pi F \mathfrak{K}_\nu d\nu \delta t \tag{92}$$

となる．この輻射エネルギーが時間 δt の間に考えている振動数区間 $(\nu, \nu+d\nu)$ から出ていく．

§ 81 時間 δt の間に運動する鏡からの反射によって区間 $(\nu, \nu+d\nu)$ に入ってくる輻射のエネルギーを計算する際には，さまざまの入射角で鏡に当たる輻射線を別々に考察せ

ねばならない. v が正の場合, 振動数は反射によって大きく
なるから, ここで問題にする輻射線は時刻 t で振動数 $\nu_1 < \nu$
をもつ. 時刻 t で振動数区間 $(\nu_1, \nu_1 + d\nu_1)$ の単色輻射線ビー
ムが入射角 θ で鏡に当たるとすると, それは,

$$\nu = \nu_1 \left(1 + \frac{2v\cos\theta}{c} \right) \quad \text{および} \quad d\nu = d\nu_1 \left(1 + \frac{2v\cos\theta}{c} \right)$$

のときにのみ反射によって区間 $(\nu, \nu + d\nu)$ の中に入るだろ
う. この関係は, (83)式および(86)式において, 反射の前
後の振動数 ν および ν' の代りに, それぞれ ν_1 および ν と
おけば得られる.

　この輻射線ビームが時間 δt の間に区間 $(\nu, \nu + d\nu)$ にもた
らすエネルギーは, (89)式から, 同様に ν の代りに ν_1 とお
けば,

$$2\Re_{\nu_1} d\sigma \cos\theta \, d\Omega d\nu_1 \left(1 + \frac{2v\cos\theta}{c} \right) \delta t$$

$$= 2\Re_{\nu_1} d\sigma \cos\theta \, d\Omega d\nu \delta t$$

　ここで,

$$\Re_{\nu_1} = \Re_\nu + (\nu_1 - \nu) \cdot \frac{\partial \Re}{\partial \nu} + \cdots\cdots$$

である. ただし, $\partial\Re/\partial\nu$ は有限であると仮定する. それゆ
え, 高次の無限小量を除いて

$$\Re_{\nu_1} = \Re_\nu - \frac{2\nu v \cos\theta}{c} \frac{\partial \Re}{\partial \nu}$$

である．したがって求めるエネルギーは，

$$2d\sigma \left(\mathfrak{K}_\nu - \frac{2\nu\upsilon\cos\theta}{c} \frac{\partial\mathfrak{K}}{\partial\nu} \right) \sin\theta\cos\theta \, d\theta d\varphi d\nu\delta t$$

この式を $d\sigma,\ \varphi,\ \theta$ について上と同様に積分することにより，時間 δt の間に振動数区間 $(\nu,\ \nu+d\nu)$ に新たに入る全輻射エネルギーは，

$$2\pi F \left(\mathfrak{K}_\nu - \frac{4}{3} \frac{\nu\upsilon}{c} \frac{\partial\mathfrak{K}}{\partial\nu} \right) d\nu\delta t \tag{93}$$

となる．

§ 82　(93)式と(92)式の差は全変化(90)である．すなわち，

$$-\frac{8\pi}{3} F \frac{\nu\upsilon}{c} \frac{\partial\mathfrak{K}}{\partial\nu} \delta t = \delta(V\mathfrak{u})$$

または(24)によって，

$$-\frac{1}{3} F\nu\upsilon \frac{\partial\mathfrak{u}}{\partial\nu} \delta t = \delta(V\mathfrak{u})$$

または，$F\upsilon\delta t$ が体積 V の減少に等しいから，結局，

$$\frac{1}{3}\nu \frac{\partial\mathfrak{u}}{\partial\nu} \delta V = \delta(V\mathfrak{u}) = \mathfrak{u}\delta V + V\delta\mathfrak{u} \tag{94}$$

となる．これから，

$$\delta\mathfrak{u} = \left(\frac{\nu}{3} \frac{\partial\mathfrak{u}}{\partial\nu} - \mathfrak{u} \right) \cdot \frac{\delta V}{V} \tag{95}$$

この方程式は，輻射を無限にゆるやかに断熱圧縮するときに

生ずる, きまった振動数 ν のエネルギーの空間密度の変化を与える. これは, 導出の仕方からわかるように, 黒体輻射についてばかりでなく, **始めのエネルギー分布が全く任意の輻射についても成り立つ.**

　時間 δt の間に輻射状態に起こる変化は無限小の速度 υ に比例し, その符号によって逆になるから, 方程式は δV のそれぞれの符号に対して成り立ち, したがって, **この過程は可逆的である.**

　§ 83　方程式(95)の一般的な積分にすすむ前に, その手近な試験をしてみよう. エネルギー原理によると, 断熱圧縮の際に生ずる, 全輻射エネルギー

$$U = V \cdot u = V \cdot \int_0^\infty \mathfrak{u} d\nu$$

の変化は, 圧縮の際に外から輻射圧に抗してなされる仕事

$$-p\delta V = -\frac{u}{3}\delta V = -\frac{\delta V}{3}\int_0^\infty \mathfrak{u} d\nu \tag{96}$$

に等しくなければならない. ここで(94)を用いて, 全エネルギーの変化に対して,

$$\delta U = \int_0^\infty d\nu \cdot \delta(V\mathfrak{u}) = \frac{\delta V}{3} \cdot \int_0^\infty \nu \frac{\partial \mathfrak{u}}{\partial \nu} d\nu$$

となり, 部分積分によって,

$$\delta U = \frac{\delta V}{3} \cdot \left([\nu\mathfrak{u}]_0^\infty - \int_0^\infty \mathfrak{u} d\nu \right)$$

実際，この表式は，積 νu が $\nu = 0$ に対しても $\nu = \infty$ に対しても消えるから，(96)と同じである．$\nu = \infty$ に対して零というのは一見して疑わしく思われるが，νu が $\nu = \infty$ に対して零以外の値をとるとしたら，ν について 0 から ∞ までとった u の積分は確かに有限の値をもちえないということが容易に分かる．

§84 すでに §79 で，u が 2 つの独立変数の関数とみなされるということを強調してきた．そして，その第 1 として振動数 ν を，第 2 のものとして時間 t をとってきた．時間 t は(95)式にあらわには現われないから，第 2 の独立変数として t の代りに，t にしか依存しない体積 V を代入することが当面適当である．そうすると(95)式は次のような偏微分方程式，

$$V\frac{\partial u}{\partial V} = \frac{\nu}{3}\frac{\partial u}{\partial \nu} - u \tag{97}$$

として書かれる．これから，u は，きまった V に対して ν の関数として知られれば，他のすべての V の値に対して ν の関数として計算される．この微分方程式の一般積分は，逐次代入法によって容易に分かるように，

$$u = \frac{1}{V}\varphi(\nu^3 V) \tag{98}$$

ここで φ はただ 1 つの変数 $\nu^3 V$ の任意の関数である．$\varphi(\nu^3 V)$ の代りに $\nu^3 V \cdot \varphi(\nu^3 V)$ とおくことによって，

$$u = \nu^3 \varphi(\nu^3 V) \qquad (99)$$

と書くこともできる. この 2 つの式のどちらも, ヴィーンの変位則の一般的な表式である.

　したがって, 与えられたきまった体積 V についてエネルギーのスペクトル分布, すなわち u が ν の関数として知られれば, それから関数 φ のその変数への依存性が導かれる. それによって, 空のシリンダー中に満たされた輻射が可逆断熱過程によってもたらされる, 他の任意のすべての体積 V についてのエネルギー分布が直ちに得られる.

　§ 85　ここで, §73 の考察の順序にもどって, エネルギーのスペクトル分布が始め黒体輻射に対応する正常分布であるという仮定を導入しよう. そのときに証明された法則によると, 可逆断熱体積変化の際にその輻射は正常分布の性質を変えずに保ち, この過程に対して §68 で導かれたすべての法則が成り立つ. したがって, この輻射はそれぞれの状態で一定の温度 T をもち, T はそこで導かれた方程式,

$$T^3 \cdot V = \text{const} \qquad (100)$$

によって体積 V と関係づけられる. したがって (99) 式は,

$$u = \nu^3 \varphi\left(\frac{\nu^3}{T^3}\right)$$

あるいは,

$$u = \nu^3 \varphi \left(\frac{T}{\nu} \right)$$

と書くこともできる．ゆえに，ある一定の温度 T に対する黒体輻射のエネルギーのスペクトル分布が知られるなら，すなわち，u が ν の関数として知られるなら，関数 φ がその変数にどう依存するかが分かり，それによって他のすべての温度に対するエネルギーのスペクトル分布が分かる．

さらに §47 で証明した，一定温度の黒体輻射の場合，すべての媒質に対して積 uq^3 は同じ値をもつ，という法則を含めて考えれば，

$$u = \frac{\nu^3}{c^3} F \left(\frac{T}{\nu} \right) \tag{101}$$

と書くこともできる．ここで関数 F はもはや伝播速度を含まない．

§86　真空中での黒体輻射の全空間密度として，

$$u = \int_0^\infty u \, d\nu = \frac{1}{c^3} \int_0^\infty \nu^3 F \left(\frac{T}{\nu} \right) d\nu$$

が，また，積分変数として ν の代りに量 $T/\nu = x$ を導入すると，

$$u = \frac{T^4}{c^3} \int_0^\infty \frac{F(x)}{x^5} dx$$

が得られる．絶対的定数，

$$\frac{1}{c^3} \int_0^\infty \frac{F(x)}{x^5} dx = a$$

とおくと，(75)式で表わされたシュテファン–ボルツマンの
輻射法則の形にもどる．

§87

(101)式は，次のような形，

$$\frac{uc^3}{\nu^3} d\nu = F\left(\frac{T}{\nu}\right) d\nu = \eta \tag{102}$$

に書き表わして左辺の表式が波長 λ を1辺とする立方体中
に含まれる振動数 ν と $\nu + d\nu$ の間の輻射エネルギー(これを
さしあたって η と書くが)を表わすということを考えれば，
明確に理解される．ここで可逆断熱圧縮によって輻射がさら
に高い温度 T' に移るとすると，ν' から $\nu' + d\nu'$ までの別の
任意のスペクトル区間に対して，

$$\eta' = F\left(\frac{T'}{\nu'}\right) d\nu' \tag{103}$$

ここで，

$$\nu' = \frac{T'}{T}\nu \tag{104}$$

さらに，これに対応して，

$$d\nu' = \frac{T'}{T} d\nu$$

とおく．すなわち，始めの振動数とは温度に比例して異なる
第2の状態における振動数 ν' に注目すると，(103)を(102)

で割ることにより,

$$\frac{\eta'}{\eta} = \frac{d\nu'}{d\nu} = \frac{T'}{T} \tag{105}$$

となり, さらに, η の意味を考えることにより,

$$u' : u = T'^3 : T^3 \quad \text{および} \quad u'd\nu' : ud\nu = T'^4 : T^4$$

したがって, 次のような法則に言い表わすことができる:
黒体輻射のスペクトルは, 温度 T からそれより高い温度 T' への移行に際して変化するが, その際, 振動数 ν はすべて温度 T' と T の比に比例して増加し, 波長 λ を1辺とする立方体中に含まれる無限小のスペクトル幅の輻射のエネルギー η も同様に同じ割合で増加する. 単色輻射密度 u は温度の3乗に比例し, 無限小のスペクトル幅の輻射密度 $ud\nu$ は温度の4乗に比例して増加する. 輻射の全空間密度 u については, すべてのスペクトル幅の輻射密度の和として, 再びシュテファン-ボルツマンの法則が得られる.

さらに(104)および(100)によって,

$$\frac{\nu^3 V}{c^3} = \frac{\nu'^3 V'}{c^3}$$

であるから, この変化の際に輻射の全体積中に含まれる各振動数の波長を1辺とする立方体の数は圧縮によって変化しない.

この法則は当然大まかな意味しかもたない. なぜならば, 上でみたように, 実際には断熱圧縮の際に各輻射線の振動数

はすべてが変化するのではなく，圧縮のあいだに運動するピストンによって反射される輻射線のみが変化し，しかも一様にではなく入射角の大きさによって違った仕方で変化するからである．

§88　輻射の空間密度 $\mathfrak{u}$ に対してと同様に，黒体輻射の場合，直線偏光した単色輻射線の比強度 $\mathfrak{K}_\nu$ に対しても，ヴィーンの変位則を言い表わすことができて，(24)により，

$$\mathfrak{K}_\nu = \frac{\nu^3}{c^2} F\left(\frac{T}{\nu}\right) \tag{106}$$

という形に書かれる．実験物理学における慣行に従って輻射強度を振動数 ν の代りに波長 λ に関係づけ，(16)によって

$$E_\lambda = \frac{c \cdot \mathfrak{K}_\nu}{\lambda^2}$$

とおくと，この式は

$$E_\lambda = \frac{c^2}{\lambda^5} \cdot F\left(\frac{\lambda T}{c}\right) \tag{107}$$

という形をとる．この形のヴィーンの変位則は実験的証明の出発点となり，あらゆる場合に顕著な確証が得られている[*9]．

§89　E_λ は $\lambda = 0$ についても $\lambda = \infty$ についても消えるので，E_λ は λ に関して最大値をもつ．それは

$$\frac{dE_\lambda}{d\lambda} = 0 = -\frac{5}{\lambda^6} F\left(\frac{\lambda T}{c}\right) + \frac{1}{\lambda^5} \frac{T}{c} \dot{F}\left(\frac{\lambda T}{c}\right)$$

あるいは,

$$\frac{\lambda T}{c} \dot{F}\left(\frac{\lambda T}{c}\right) - 5F\left(\frac{\lambda T}{c}\right) = 0 \qquad (108)$$

から得られる. ここで $\dot{F}$ は F の変数についての微分を表わす. この式は変数 $\lambda T/c$ について完全に一定の値を与えるから, 最大の輻射強度の波長 λ_m に対して

$$\lambda_m T = b \qquad (109)$$

という関係が成り立つ. したがって輻射の最大値は温度の上昇とともに短波長の側にずれる.

定数 b の数値はルンマーとプリングスハイム[*10] によって測定された〔ここの grad は K を表す.〕:

$$b = 0.294 \ \mathrm{cm \cdot grad} \qquad (110)$$

パシェン[*11] はわずかに小さな値, 0.292 を見出している.

ここでもう一度, 以下のことをはっきり述べておく:§19 に従って E_λ の最大値はスペクトルの中で $\Re_\nu$ の最大値の位置と同じ位置にはならないということ, したがって定数 b は単色輻射強度が振動数にではなく波長に関係づけられているときに限り本質的な意味をもつということである.

§ 90 E_λ の最大値は, (107)に $\lambda = \lambda_m$ を代入すること

によって与えられる. そこで(109)を考慮して,

$$E_{\max} = \mathrm{const} \cdot T^5 \qquad (111)$$

が得られる. すなわち, 黒体輻射のスペクトルにおいて輻射の最大値は絶対温度の 5 乗に比例する.

　単色輻射の強度を E_λ によってではなく $\mathfrak{K}_\nu$ によって測るならば, 輻射の最大値として全く別の関係,

$$\mathfrak{K}_{\max} = \mathrm{const} \cdot T^3 \qquad (112)$$

が得られる.

第 4 章　任意のエネルギースペクトル分布の輻射. 単色輻射のエントロピーと温度

　§91　これまでヴィーンの変位則を黒体輻射の場合にのみ適用してきたが, この法則ははるかに一般的な意味をもつ. というのは, (95)式は, すでに注意したように, 排気された空洞中のあらゆる方向に一様なエネルギー輻射の始めの任意のスペクトル分布に対して, そのエネルギー分布が全体積の可逆断熱変化に際して受ける変化を与えるからである. このような過程によって生ずる輻射状態はどれも完全

に定常的で無限に長い時間保持される．ただし，その輻射空間には放出吸収物質が全然含まれていないという条件のもとでである．なぜなら，そうでないときには §51 に従って，その物質の触媒的影響のもとに，エネルギー分布は時間とともに非可逆的に，すなわち全エントロピーの増大のもとに，黒体輻射に対応する安定な分布に移るからである．

前章で扱った特別な場合とこの一般的な場合とのちがいは，ここではもはや黒体輻射の場合のように一定の輻射の温度について述べることができないということである．しかし，熱力学の第 2 主則は一般に成り立つと仮定されるから，輻射は一定の状態にある物理系と同様に一定のエントロピー $S = V \cdot s$ をもち，各輻射線は互いに独立であるから，このエントロピーは，単色輻射のエントロピーの総和である．したがって，

$$s = \int_0^\infty \mathfrak{s} d\nu, \qquad S = V \cdot \int_0^\infty \mathfrak{s} d\nu \qquad (113)$$

ここで $\mathfrak{s} d\nu$ は単位体積中に含まれる振動数 ν と $\nu + d\nu$ の間の輻射のエントロピーを表わす．$\mathfrak{s}$ は 2 つの独立変数 ν および $\mathfrak{u}$ によってきまる関数であり，以下ではいつもそのようなものとして扱う．

§ 92 関数 $\mathfrak{s}$ の解析的表式が知られれば，それから直ちに正常スペクトルのエネルギー分布が導かれる．なぜなら，すべてのエネルギースペクトル分布の中から，正常スペクト

ルすなわち黒体輻射のスペクトルは, 輻射のエントロピー S
が最大を示すということによって特徴づけられるからであ
る.

　したがって, 一度 $\mathfrak{s}$ が ν および $\mathfrak{u}$ の既知の関数と仮定さ
れれば, 黒体輻射の条件として, 輻射の全体積 V および全
エネルギー U が一定の場合に可能なエネルギー分布のすべ
ての任意の変化に対して,

$$\delta S = 0 \qquad (114)$$

となる. エネルギー分布の変化は, 各振動数 ν のエネルギ
ー $\mathfrak{u}$ が無限小の変化 $\delta\mathfrak{u}$ を受けるということによって特徴づ
けられるものと考える. このとき拘束条件として,

$$\delta V = 0 \quad \text{および} \quad \int_0^\infty \delta\mathfrak{u}\cdot d\nu = 0 \qquad (115)$$

である. 変化 d および δ は, 当然, 互いに全く独立である.
　$\delta V = 0$ であるから, (114)と(113)から,

$$\int_0^\infty \delta\mathfrak{s}\cdot d\nu = 0$$

または, ν が不変のままであるから,

$$\int_0^\infty \frac{\partial\mathfrak{s}}{\partial\mathfrak{u}}\delta\mathfrak{u}\cdot d\nu = 0$$

である. $\delta\mathfrak{u}$ のすべての任意の値に対してこの式が妥当する
から, (115)を考慮して, さまざまの振動数に対して,

$$\frac{\partial \mathfrak{s}}{\partial \mathfrak{u}} = \text{const} \qquad (116)$$

でなければならない．この式は黒体輻射のエネルギー分布則
を表わす．

§ 93 (116)式の定数は黒体輻射の温度と簡単な関係にあ
る．一定体積 V の黒体輻射が一定の熱量を供給されて無限
小のエネルギー変化 δU を受けるとすると，そのエントロピ
ーの変化は(73)により，

$$\delta S = \frac{\delta U}{T}$$

となるからである．ここで(113)および(116)によって，

$$\delta S = V \int_0^\infty \frac{\partial \mathfrak{s}}{\partial \mathfrak{u}} \delta \mathfrak{u} d\nu = \frac{\partial \mathfrak{s}}{\partial \mathfrak{u}} V \int_0^\infty \delta \mathfrak{u} d\nu = \frac{\partial \mathfrak{s}}{\partial \mathfrak{u}} \cdot \delta U$$

であるから，

$$\frac{\partial \mathfrak{s}}{\partial \mathfrak{u}} = \frac{1}{T} \qquad (117)$$

そして，上述の量は，黒体輻射の場合，すべての振動数に対
して等しいことが見出されており，黒体輻射の温度の逆数で
あることが分かる．

この法則によって，温度の概念は全く任意のエネルギー分
布の輻射に対してもある意味をもつ．なぜならば，$\mathfrak{s}$ は $\mathfrak{u}$ と
ν のみに依存するので，一定のエネルギー密度 $\mathfrak{u}$ をもつあ
らゆる方向に一様な単色輻射も(117)によって与えられる完

全にきまった温度をもち，考えられるすべてのエネルギー分布のうちで，正常分布はいかなる振動数の輻射もすべて同じ温度をもつということによって特徴づけられるからである．

エネルギー分布のいかなる変化も，ある単色輻射から別の単色輻射へのエネルギー移行であるから，第1の輻射の温度の方が高いか，あるいは第2の輻射の温度の方が高いかに従って，このエネルギー移行は，2つの温度の異なる物体のあいだの熱の移行の場合と全く同様に，全エントロピーの増大かあるいは減少をひきおこし，したがって自然において何の補償もなしに可能なものかあるいは補償なしには不可能なものかに分かれる．

§94　ここで，量 $\mathfrak{s}$ の変数 $\mathfrak{u}$ および ν への依存性についてヴィーンの変位則から何が言えるかをみよう．(101)式を T について解き，(117)で与えられる値を代入することによって，

$$\frac{1}{T} = \frac{1}{\nu} F\left(\frac{c^3 \mathfrak{u}}{\nu^3}\right) = \frac{\partial \mathfrak{s}}{\partial \mathfrak{u}} \tag{118}$$

となる．ここで F はただ1つの変数のあるきまった関数を表わし，その定数は伝搬速度 c を含まない．この変数について積分し，相当する記号を使って，

$$\mathfrak{s} = \frac{\nu^2}{c^3} F\left(\frac{c^3 \mathfrak{u}}{\nu^3}\right) \tag{119}$$

が得られる．この形のヴィーンの変位則は，各単色輻射に対

して，したがってまた任意のエネルギー分布の輻射に対しても，それぞれ意味をもつ．

§ 95　熱力学の第 2 主則によれば，全く任意のエネルギー分布の輻射の全エントロピーは，可逆断熱圧縮に際して一定に保たれねばならない．この法則を(119)式に基づいて実際に直接証明することができる．すなわち，そのような過程に対して，（113）式によって，

$$\delta S = \int_0^\infty d\nu \, (V \delta \mathfrak{s} + \mathfrak{s} \delta V)$$
$$= \int_0^\infty d\nu \left(V \frac{\partial \mathfrak{s}}{\partial \mathfrak{u}} \delta \mathfrak{u} + \mathfrak{s} \delta V \right) \qquad (120)$$

ここで $\mathfrak{s}$ は，いつものように，$\mathfrak{u}$ および ν の関数とみなされる．

可逆断熱状態変化に対して(95)式が成り立ち，この式から $\delta \mathfrak{u}$ の値が出せるから，

$$\delta S = \delta V \cdot \int_0^\infty d\nu \left\{ \frac{\partial \mathfrak{s}}{\partial \mathfrak{u}} \left(\frac{\nu}{3} \frac{d\mathfrak{u}}{d\nu} - \mathfrak{u} \right) + \mathfrak{s} \right\}$$

となる．この場合，$\mathfrak{u}$ の ν についての微分は，任意の仕方で始めから与えられた輻射のエネルギーのスペクトル分布に関わるので，偏微分に対して，文字 d で表わす．

ここで全微分，

$$\frac{d\mathfrak{s}}{d\nu} = \frac{\partial \mathfrak{s}}{\partial \mathfrak{u}} \frac{d\mathfrak{u}}{d\nu} + \frac{\partial \mathfrak{s}}{\partial \nu}$$

を代入することにより,

$$\delta S = \delta V \cdot \int_0^\infty d\nu \left\{ \frac{\nu}{3} \left(\frac{d\mathfrak{s}}{d\nu} - \frac{\partial \mathfrak{s}}{\partial \nu} \right) - \mathfrak{u} \frac{\partial \mathfrak{s}}{\partial \mathfrak{u}} + \mathfrak{s} \right\} \tag{121}$$

(119)式を微分することによって

$$\frac{\partial \mathfrak{s}}{\partial \mathfrak{u}} = \frac{1}{\nu} \dot{F} \left(\frac{c^3 \mathfrak{u}}{\nu^3} \right) \quad \text{および}$$

$$\frac{\partial \mathfrak{s}}{\partial \nu} = \frac{2\nu}{c^3} F \left(\frac{c^3 \mathfrak{u}}{\nu^3} \right) - \frac{3\mathfrak{u}}{\nu^2} \dot{F} \left(\frac{c^3 \mathfrak{u}}{\nu^3} \right)$$

これから,

$$\nu \frac{\partial \mathfrak{s}}{\partial \nu} = 2\mathfrak{s} - 3\mathfrak{u} \frac{\partial \mathfrak{s}}{\partial \mathfrak{u}}$$

これを(121)に代入して,

$$\delta S = \delta V \cdot \int_0^\infty d\nu \left(\frac{\nu}{3} \frac{d\mathfrak{s}}{d\nu} + \frac{1}{3} \mathfrak{s} \right)$$

または,

$$\delta S = \frac{\delta V}{3} \cdot [\nu \mathfrak{s}]_0^\infty = 0$$

とならなければならない. 積 $\nu \mathfrak{s}$ が $\nu = \infty$ に対しても 0 になることは, 積 $\nu \mathfrak{u}$ の場合の §83 におけるのと同様に示される.

§ 96　(119)式によって可逆断熱圧縮の法則を明確に理解

することができる．それは，§87で黒体輻射について述べた
法則の，任意のエネルギー分布の輻射への一般化となってい
る．そのために，ここでも1辺が波長 λ の立方体に含まれ
る振動数 ν と ν+dν の間の輻射のエネルギー，

$$\left.\begin{array}{c} \dfrac{\mathfrak{u}c^3}{\nu^3}d\nu = \eta \\[2em] \dfrac{\mathfrak{s}c^3}{\nu^3}d\nu = \sigma \end{array}\right\} \tag{122}$$

それに対応する輻射のエントロピー，

および輻射の全体積中に含まれる波長を1辺とする立方体
の数

$$\frac{V\nu^3}{c^3} = N \tag{123}$$

を導入する．輻射が，そのエネルギー分布は全く任意でよい
のだが，可逆断熱圧縮によってさらに小さい体積 V' になっ
たとすると，振動数 ν' と $\nu'+d\nu'$ の任意の区間に対して，

$$\eta' = \frac{\mathfrak{u}'c^3}{\nu'^3}d\nu', \qquad \sigma' = \frac{\mathfrak{s}'c^3}{\nu'^3}d\nu' \tag{124}$$

$$N' = \frac{V'\nu'^3}{c^3} \tag{125}$$

である．ここで $N=N'$ とおくと，(123)および(125)によ
って，

$$V\cdot\nu^3 = V'\cdot\nu'^3$$

これに対応して 2 つの区間 $d\nu$ と $d\nu'$ に対して,

$$V\nu^2 d\nu = V'\nu'^2 d\nu'$$

これを上の式で割ることにより,

$$\frac{d\nu}{\nu} = \frac{d\nu'}{\nu'}$$

したがって (99) より直ちに,

$$\frac{\mathfrak{u}'}{\nu'^3} = \frac{\mathfrak{u}}{\nu^3}$$

となり, (122) および (124) によって

$$\frac{\eta'}{\eta} = \frac{d\nu'}{d\nu} = \frac{\nu'}{\nu} \quad および \quad \sigma' = \sigma \qquad (126)$$

最後の式は (119) により, $\mathfrak{s}'/\nu'^2 = \mathfrak{s}/\nu^2$ であるから明らかである. したがって次のように述べることができる:任意のエネルギー分布の輻射を可逆断熱圧縮すると, 各々の色の振動数 ν は変化するが, その際, 全体積中に含まれる波長を 1 辺とした立方体の数は各々の色について変化しないで保たれる. また, そのような立方体に含まれる単色輻射エネルギー η は振動数 ν に比例して増大し, 同様に問題にしている輻射の温度 T も (118) に従って増大するが, エントロピー σ は一定のままである. 同時にこれによって, 輻射の全エントロピーはそこに含まれる単色輻射すべてのエントロピーの和であるから一定に保たれるということが証明される.

§ 97　さらに一歩進んで，すべての方向に一様な偏光していない単色輻射のエントロピー $\mathfrak{s}$ および温度 T から直線偏光した個々の単色輻射線ビームのエントロピーおよび温度を推定することができる．個々の輻射線ビームも一定のエントロピーをもつということは，熱力学の第 2 主則に従って放出現象から導かれる．なぜならば放出という作用によって物体の熱は輻射熱に変わるからそのとき放出物体のエントロピーは減少する．全エントロピー増大の定理に従って，その補償として別の形のエントロピーが生じなければならない．それは放出された輻射のエネルギーによる以外に起こりえないからだ．したがって，直線偏光した個々の単色輻射線ビームはそれぞれ一定のエントロピーをもち，それはビームのエネルギーと振動数のみに依存し，ビームとともに空間を伝播し拡がる．これによってエントロピー輻射という概念が得られる．それはエネルギー輻射と全く同様に，単位時間に一定方向に単位面積を通過するエントロピーの量によって測られる．したがって，各輻射線ビームはエネルギーのほかにエントロピーをももち運ぶのであるから，§14 以後，エネルギー輻射に対して行なってきたのと全く同じ考察が，エントロピー輻射に対して成り立つ．ここでは，そこで行なわれた詳しい議論を参考にして，のちに使うのに最も重要な法則のみをまとめておく．

§ 98　任意の輻射で満たされた空間において，時間 dt に

面要素 $d\sigma$ を通って要素円錐 $d\Omega$ の方向に放射されるエント
ロピーは,

$$dtd\sigma \cos\theta\, d\Omega \cdot L = L\sin\theta\cos\theta\, d\theta d\varphi d\sigma dt \qquad (127)$$

の形に表わされる. 正の量 L を, 面要素 $d\sigma$ の場所での開口
角 $d\Omega$ の方向内の「エントロピー輻射の比強度」とよぶ. L
は一般に, 場所, 時間, 方向の関数である.

　面要素 $d\sigma$ を通って一方の側, たとえば, 角 θ が鋭角であ
るような側にいく全エントロピー輻射は, φ については 0
から 2π まで, θ については 0 から $\pi/2$ まで積分することに
よって得られ,

$$d\sigma dt \cdot \int_0^{2\pi} d\varphi \int_0^{\pi/2} d\theta\, L\sin\theta\cos\theta$$

である. 輻射がすべての方向に一様であるとき, すなわち
L が一定であるとき, $d\sigma$ を通って一方の側に向かうエント
ロピーは,

$$\pi L d\sigma dt \qquad (128)$$

となる.

　各方向へのエントロピー輻射の比強度 L は, さらに, さ
まざまのスペクトル範囲に属し, 互いに独立に伝播する個々
の輻射線の強度に分かれる. 一定の色と強度の輻射線の場
合, さらに, 偏光の仕方によって特徴づけられる. 振動数
ν の単色輻射線が, 2 つの互いに独立で[*12] 互いに垂直に偏

光している成分からなり，各々エネルギー輻射の「主強度」
(§17) $\mathfrak{K}_\nu$ および $\mathfrak{K}'_\nu$ をもっているとき，すべての振動数の
エントロピー輻射の比強度は，

$$L = \int_0^\infty d\nu \left(\mathfrak{L}_\nu + \mathfrak{L}'_\nu \right) \qquad (129)$$

という形になる．

このとき正の量 $\mathfrak{L}_\nu$ および $\mathfrak{L}'_\nu$ は振動数 ν のエントロピー
輻射の「主強度」で，$\mathfrak{K}_\nu$ および $\mathfrak{K}'_\nu$ の値によってきめられ
る．(127)に代入することにより，時間 dt に面要素 $d\sigma$ を通
って要素円錐 $d\Omega$ の方向に放射されるエントロピーとして，
表式，

$$dtd\sigma \cos\theta\, d\Omega \int_0^\infty d\nu \left(\mathfrak{L}_\nu + \mathfrak{L}'_\nu \right)$$

が，直線偏光した単色輻射に対して，

$$dtd\sigma \cos\theta\, d\Omega\, \mathfrak{L}_\nu d\nu = \mathfrak{L}_\nu d\nu \cdot \sin\theta \cos\theta\, d\theta d\varphi d\sigma dt \qquad (130)$$

が得られる．偏光していない輻射線については $\mathfrak{L}_\nu = \mathfrak{L}'_\nu$ で
あるから(129)から，

$$L = 2 \int_0^\infty \mathfrak{L}_\nu d\nu$$

すべての方向に一様な輻射の場合には，一方の側に向かう全
エントロピー輻射として，(128)によって，

$$2\pi d\sigma dt \cdot \int_0^\infty \mathfrak{L}_\nu\, d\nu$$

が得られる.

§99

進行するエネルギー輻射の強度から輻射エネルギーの空間密度が得られた（§22 を参照）のと全く同様に, 進行するエントロピー輻射の強度から輻射のエントロピーの空間密度に対する表式が得られる. すなわち, (20)式に相当して, 真空中のある点における輻射のエントロピーの空間密度 s は,

$$s = \frac{1}{c} \int L\, d\Omega \qquad (131)$$

ここで積分はその点から空間のあらゆる方向に向かう要素円錐についてとられる. 一様な輻射について L は一定であるから,

$$s = \frac{4\pi L}{c} \qquad (132)$$

となる. 量 L を(129)式に従ってスペクトル分解することにより, (131)から単色輻射のエントロピーの空間密度

$$\mathfrak{s} = \frac{1}{c} \int (\mathfrak{L} + \mathfrak{L}') \cdot d\Omega$$

が, またあらゆる方向に一様な偏光していない輻射に対して,

$$\mathfrak{s} = \frac{8\pi\mathfrak{L}}{c} \qquad (133)$$

が得られる.

§ 100 エントロピー輻射 $\mathfrak{L}$ がエネルギー輻射 $\mathfrak{K}$ にどう依存するかは, (119)の形のヴィーンの変位則によって示される. すなわち, この式から, (133)および(24)を考慮して,

$$\mathfrak{L} = \frac{\nu^2}{c^2} F\left(\frac{c^2 \mathfrak{K}}{\nu^3}\right) \tag{134}$$

さらに, (118)を考慮して,

$$\frac{\partial \mathfrak{L}}{\partial \mathfrak{K}} = \frac{1}{T} \tag{135}$$

となる. したがって, また,

$$T = \nu F\left(\frac{c^2 \mathfrak{K}}{\nu^3}\right) \tag{136}$$

または,

$$\mathfrak{K} = \frac{\nu^3}{c^2} F\left(\frac{T}{\nu}\right) \tag{137}$$

これらの関係は, (118)式および(119)式と同様, さしあたり, あらゆる方向に一様な偏光していない輻射についてのみ導かれたのであるが, 任意の輻射の場合にも個々の直線偏光線について一般的妥当性をもつ. なぜなら, 個々の輻射線は互いに全く独立に振る舞い伝播するので, ある輻射線のエントロピー輻射の強度 $\mathfrak{L}$ はその輻射線のエネルギー輻射の強度 $\mathfrak{K}$ にのみ依存するからである. したがって, 個々の単

色輻射線は，そのエネルギーのほかに(134)によってきめられるエントロピーと(136)によってきめられる温度をもつ.

　§ 101　ここで行なわれた温度概念の個々の単色輻射線への拡張によって，当然，任意の輻射線の通過している媒質中の1つの同じ場所には，そこを通る輻射線が各々固有の温度をもち，その上，同じ方向に進む種々の色をもつ輻射線が各々エネルギースペクトル分布に従ってさまざまの温度を示すために，一般に無限に多くの温度が存在することになる. 最後に，これらすべての温度に，始めから輻射の温度に全く依存しない媒質自身の温度が加わる. この考え方の複雑さは事柄の性質上やむをえないことで，このように輻射が通る媒質中での物理的過程の複雑さに対応している. 安定な熱力学的平衡の場合にのみ，媒質自身とそこを横切るさまざまの方向のさまざまの色のすべての輻射線に共通の1つの温度が与えられる.

　実用物理学においては，輻射の温度の概念を物体温度の概念から分離する必要があるということが以前から有効だとされてきた. 太陽の真の温度のほかに太陽の「見かけの」あるいは「有効な」温度について述べること，すなわち，太陽が，黒体のように放射するとして，実際に観測される熱輻射を送るためにもつべき温度について述べるのが有利であることが見出されてきている. 太陽の見かけの温度は明らかに太陽輻射線の真の温度以外の何ものでもなく*13，輻射線の性

状すなわち性質にのみ依存し，太陽の性質には依存しない．
したがって，実際と合わない仮定を導入することでしか理解
できない，虚構の太陽温度について述べる代りに，上の表現
を採用することが一層便利であるばかりでなく正確でもある．

　最近，L. ホルボーンと F. カールバウム[*14] は単色光の輝
度測定から放射表面の「黒体」温度という概念に導かれた．
ある放射表面の黒体温度はそこから放出される輻射線の輝
度によって測られる．輝度は一般に，その表面の放出する一
定の色，方向，偏光性をもった個々の輻射線について固有の
もので，まさしくそれらの輻射線の温度を表わす．したがっ
て，われわれは，放出表面の無限に多くの「黒体」温度の代
りに，放出された個々の輻射線の完全にきまった真の温度を
もつことになる．それは輻射線の起源や経歴は考慮せずに，
その輝度（比強度）$\mathfrak{K}$ と振動数 ν によって(136)式に従って
与えられる．数値的にきめられるこの式の形はのちに §162
で与えられよう．黒体は最大の放出能をもつから，放出され
た輻射線の温度は放出物体の温度より高いことはありえない．

　§ 102　上で得た法則を黒体輻射という特別な場合に応用
しよう．これは簡単である．そのために，エントロピーの全
空間密度は，(81)によって，

$$s = \frac{4}{3}aT^3 \qquad (138)$$

したがって，どこかある方向への全エントロピー輻射の比強

度は (132) によって,

$$L = \frac{c}{3\pi} aT^3 \qquad (139)$$

面要素 $d\sigma$ を通って一方の側に向かう全エントロピー輻射は (128) によって,

$$\frac{c}{3} aT^3 d\sigma dt \qquad (140)$$

特別な例として, 温度 T の黒体の表面にあらゆる方向から温度 T' の黒体輻射が当たる場合に, 熱力学の 2 つの主則を適用する. このとき黒体は, 単位面積, 単位時間当たり, (7) および (76) によって, エネルギー

$$\pi K = \frac{ac}{4} T^4$$

を, (140) によって, エントロピー

$$\frac{ac}{3} T^3$$

を放出し, これに対してエネルギー $(ac/4)T'^4$, およびエントロピー $(ac/3)T'^3$ を吸収する. 第 1 主則によると, 物体に全体として供給される熱は, T' が T よりも大きいか小さいかに従って正か負になり,

$$Q = \frac{ac}{4} T'^4 - \frac{ac}{4} T^4 = \frac{ac}{4} (T'^4 - T^4)$$

また, 第 2 主則によって, 全エントロピーの変化は正または零である. 物体のエントロピーは Q/T だけ変化し, 真

空中の輻射のエントロピーは,

$$\frac{ac}{3}(T^3 - T'^3)$$

だけ変化する. したがって, 考えている系の単位時間, 単位面積当たりの全エントロピーの変化は,

$$\frac{ac}{4} \cdot \frac{T'^4 - T^4}{T} + \frac{ac}{3}(T^3 - T'^3) \geqq 0$$

である. この関係は, 実際に, T および T' のすべての値に対して満たされる. 左辺の表式の最小値は零であり, それは $T = T'$ に対して得られる. このとき過程は可逆的である. T が T' と異なるかぎり明らかにエントロピーの増大があり, 過程は非可逆的である. とくに, $T = 0$ に対してエントロピーの増大は ∞ になる. すなわち, 絶対温度零度の黒体による熱輻射の吸収は無限に大きなエントロピーの増大に結びついているから, 有限量の補償によってはもとにもどせない. それに対して, $T' = 0$ に対するエントロピー増大は $(ac/12)T^3$ に等しい. すなわち, 同時に熱輻射の吸収のない温度 T の黒体の放出は非可逆的であるが, 少なくとも上述の有限量の補償によってもとにもどせる. 実際, 物体によって放出された輻射線を, たとえば適当な反射によって再びもとにもどせば, 物体はこの輻射線を再び吸収するだろうが, 必ず同時に新しい輻射線を放出するだろう. ここに第2主則によって要請される補償がある.

 一般に次のように言える：同時に吸収の起こらない放出は

非可逆的であるが，その逆過程すなわち同時に放出の起こらない吸収は自然界では不可能である．

§ **103**　熱力学の２つの主則のもう１つの応用例として，すでに§70で考察した，始め体積 V，温度 T の黒体輻射がそれより大きい体積 V' に膨張する非可逆過程を考える．ただし，この場合，放出吸収物質は存在しないとする．そうすると，全エネルギーばかりでなく各振動数のエネルギーも保存され，そのとき壁による乱反射のために輻射は再びすべての方向に一様になり，$\mathfrak{u}_\nu V = \mathfrak{u}'_\nu V'$，また，(118)から振動数 ν の単色輻射の終状態の温度 T'_ν もきめられる．もっとも，計算はのちの(233)式によってはじめて行なうことができるのだが．輻射の全エントロピー，すなわち，すべての振動数の輻射のエントロピーの和

$$V' \cdot \int_0^\infty \mathfrak{s}'_\nu \, d\nu$$

は，第２主則に従って，終状態における方が始状態におけるものより大きくなければならない．T'_ν は異なる振動数に対して異なる値をもつから，終状態の輻射はもはや黒体輻射ではない．つづいて炭の小片を空洞に入れることによってエネルギー分布に有限の変化が起こり，エントロピーはさらに(82)で計算された値 S' にまで上昇する．

第3部

線形振動子による電磁波の放出と吸収

第1章　序論．線形振動子の振動方程式

　§ 104　熱輻射論の主要な問題は，黒体輻射によってもたらされる正常スペクトルにおけるエネルギー分布を決定すること，あるいは，同じことだが，ヴィーンの変位則の一般的表式(119)において未定のままにされていた関数 F を見出すことであり，この第3部ではその問題を解く準備を行なう．この問題を扱うために，熱輻射線の発生と消滅を行なわせる過程，したがって放出および吸収という事象についてこれまでよりも詳しく立ち入る必要があろう．この過程が複雑なことと，それについてある程度詳細に知ることが困難であるために，何らかの確実な結果を得るには，この暗黒の領域の信頼できる案内人として §44 で導いたキルヒホッフの法則を用いない限り明らかに全く見込みがない．キルヒホッフの法則によると，鏡のように反射する壁によって囲まれた真空は，その中に任意の放出吸収物体が任意の配置で置かれているとき，時間を経ると黒体輻射の定常状態になる．それは1つのパラメータ，すなわち温度によって完全にきめられ，特に，可秤量物体の配置，性質，数には依存しない．黒体輻射の状態の性質を調べるためには，真空中に存在すると仮定される物体がどんな種類かということはどうでもよいことで

あって，そのような物体が自然界のどこかに実際に存在する
かどうかすら少しも重要ではなく，その存在，性質が総じて
電気力学，熱力学の法則と矛盾しないかどうかということの
みが重要なのである．何でもよいから任意に選ばれた特定の
種類，配置の放出吸収系に対して，完全な安定性によって他
と区別される真空中の輻射状態を示すことに成功しさえすれ
ば，その状態こそまさに黒体輻射状態そのものである．

　この法則によって保証される無拘束性を利用して，すべて
の放出吸収系の中で考えられる最も簡単な系，すなわち静
止したある1つの振動子を選ぶ．それは反対符号の等量の
電気量を帯びた2つの極からなり，それらは固定した直線，
すなわち振動子の軸の上を互いに運動する．

　もちろん，振動子の振動は2つの極の運動によってきめ
られるのだから，それにただ1つの運動の自由度を与える
よりは3つの自由度を与える方が，すなわち直線的な運動
ではなく空間的な運動を仮定する方が一般的であり，実状に
も近い．この仮定は，空間的な運動を3つの互いに垂直な
直線成分に分解すれば，ここでなされる簡単な仮定と全く同
じように扱うことができる．しかし，われわれはこの原理的
な考察に従って始めから1成分の運動に限って扱うことが
できる．その際，ここでの考察の一般性が本質的に失われる
のではないかという心配は無用である．

　これに対して，振動子全体を静止していると仮定すること
は原理的な疑念をひき起こすかもしれない．なぜなら，気体

分子運動論によると一定温度の物質においてそこに含まれる自由に運動する物質粒子はすべて平均して一定の有限の並進運動の運動エネルギーをもつからである. しかし, この疑念は, 運動エネルギーで速度が確定されないことを考えれば除かれる. ただ, 一定の運動エネルギーのとき速度を任意の量以下にひきさげるために, 振動子は, たとえばその正の極に, 電気力学的に完全に効力のないかなり大きな慣性質量をもつと考えさえすればよい. この考察は, 今日しばしば行なわれるようにすべての慣性を電気力学的作用に帰すときにも, 当然成り立つ. なぜなら, この作用はいずれにしても以下の考察とは全く別の種類のもので, 何の影響も及ぼせないからである.

　ここで仮定した振動子の状態は, その「モーメント」$f(t)$, すなわち軸の正の方にある極の電荷と極間距離との積, およびその時間についての微分商

$$\frac{df(t)}{dt} = \dot{f}(t) \tag{141}$$

によって完全にきめられよう. 振動子のエネルギーは次の簡単な形,

$$U = \frac{1}{2}Kf^2 + \frac{1}{2}L\dot{f}^2 \tag{142}$$

であろう. ここで K および L は正の定数で, ここでは詳しく論じられない何らかの仕方で振動子の性質に依存する.

§ 105　振動子の振動の際，エネルギー U が正確に一定でありつづけるならば，

$$dU = Kf df + L\dot{f}d\dot{f} = 0$$

あるいは，（141）を考慮して，

$$Kf(t) + L\ddot{f}(t) = 0 \tag{143}$$

この微分方程式の一般解として純粋の周期振動

$$f = C\cos(2\pi\nu_0 t - \theta)$$

が得られる．ここで C および θ は積分定数，ν_0 は単位時間当たりの振動数

$$\nu_0 = \frac{1}{2\pi}\sqrt{\frac{K}{L}} \tag{144}$$

を表わすだろう．このようなエネルギー一定の周期的振動子は，周囲の電磁場によって影響されないし，外へ何らかの輻射作用を及ぼしもしない．それゆえ，周囲の熱輻射に対して何ら重要ではない．

　しかし，マクスウェルの理論によると，振動子の振動エネルギー U は一般には決して一定ではなく，振動子はその振動のために周囲の場にあらゆる方向へ球面波を送り出す．そのために，エネルギー保存原理によって，外から作用が働かないときには，振動子は必ず振動エネルギーを失い，振幅の減衰を伴うはずである．まず，この減衰の大きさを計算する．

§ 106 そのために，まず，次のマクスウェルの場の方程式(52)の特解

$$
\begin{aligned}
&\mathfrak{E}_x = \frac{\partial^2 F}{\partial x \partial z} &\qquad &\mathfrak{H}_x = \frac{1}{c}\frac{\partial^2 F}{\partial y \partial t} \\[2mm]
&\mathfrak{E}_y = \frac{\partial^2 F}{\partial y \partial z} &\qquad &\mathfrak{H}_y = -\frac{1}{c}\frac{\partial^2 F}{\partial x \partial t} \\[2mm]
&\mathfrak{E}_z = \frac{\partial^2 F}{\partial z^2} - \frac{1}{c^2}\frac{\partial^2 F}{\partial t^2} &\qquad &\mathfrak{H}_z = 0
\end{aligned}
\left.\right\}
$$

$$(145)$$

から出発する．ここで，x, y, z, t の関数 F は条件

$$
\frac{\partial^2 F}{\partial t^2} = c^2 \cdot \triangle F \tag{146}
$$

を満たす〔$\triangle$ はラプラシアン〕．この量が実際にすべての場の条件方程式を満たすということは，直接(52)に代入することによって分かる．

特に，関数 F が時間 t のほかに座標原点から場の点 x, y, z までの距離 r にしか依存しないと仮定すると，(146)式は，

$$
\frac{\partial^2 F}{\partial t^2} = \frac{c^2}{r^2}\frac{\partial}{\partial r}\left(r^2 \frac{\partial F}{\partial r}\right)
$$

となり，この偏微分方程式の一般解は，

$$
F = \frac{1}{r}f\left(t - \frac{r}{c}\right) + \frac{1}{r}g\left(t + \frac{r}{c}\right) \tag{147}
$$

ここで，f および g は1つの変数の全く任意の関数である．関数 f は座標原点から外に向かう球面波に対応し，関数 g

は外から原点に進む球面波に対応する．波 g は全く特別な
状態のもとでしか自然界では起こらない（§169 以下をみよ）．
ここではもともと外部から振動子に入る波は存在しないと仮
定するから，それを省くと，

$$F = \frac{1}{r} f\left(t - \frac{r}{c}\right) \tag{148}$$

となる．

§107　上述のマクスウェルの場の方程式の特解の物理
的意味を知るために，座標原点に非常に近い，したがって
常に $(r/c)\dot{f}$ が f に比べて小さいような，場の点 (x, y, z) を
考える．（f が周期的，あるいは準周期的関数であるときに
は，このことは原点からの距離 r が真空中での波長に対し
て小さいということを意味する．）このとき $(r/c)\ddot{f}$ も $\dot{f}$ に
比べて小さいことはむろんのこと，$(r^2/c^2)\ddot{f}$ も f に比べて
小さい．これによって，F の表式(148)から容易に分かるよ
うに，(145)式は以下のように簡単化される：

$$\left.\begin{array}{ll}
\mathfrak{E}_x = \dfrac{\partial^2 F}{\partial x \partial z} & \mathfrak{H}_x = \dfrac{1}{c}\dfrac{\partial^2 F}{\partial y \partial t} \\[2mm]
\mathfrak{E}_y = \dfrac{\partial^2 F}{\partial y \partial z} & \mathfrak{H}_y = -\dfrac{1}{c}\dfrac{\partial^2 F}{\partial x \partial t} \\[2mm]
\mathfrak{E}_z = \dfrac{\partial^2 F}{\partial z^2} & \mathfrak{H}_z = 0
\end{array}\right\} \tag{149}$$

電場の方程式から分かることは，座標原点の近くで電場は静

電場の性質,

$$\mathfrak{E} = \operatorname{grad} \frac{\partial F}{\partial z} = -\operatorname{grad} \varphi$$

をもち，ポテンシャル関数は，

$$\varphi = -\frac{\partial F}{\partial z} = \frac{z}{r^3} \cdot f(t)$$

で，z 軸の正方向に向いたモーメント $f(t)$ の電気的双極子に対応する，ということである．磁場の方程式からは，原点付近の磁場は z 軸の方向に流れる電流要素に起因し，その強度と距離の積が $\dot{f}(t)$ の値をもつことが分かる．これは正確に上述の双極子モーメントの変化によってきめられる電流要素である．

このことから，(145) および (148) 式は点 $r = 0$ とその近傍を除く全空間で成り立ち，それらは座標原点に置かれた z 軸方向に向いたモーメント $f(t)$ の電気双極子によって起こされる電磁場を表わすということが分かる．この双極子と始めに考えた振動子とが同じものであると言うためには，振動子の長さが常に量 $cf/\dot{f}$ に比べて小さい，したがってまた，振動子が周期的に振動する場合には真空中でのその振動の波長に比べて小さい，という仮定を導入しさえすればよい．なぜなら，さもないと，振動子の近くの電磁場はもはや $f(t)$ と $\dot{f}(t)$ だけからはきめられず，むしろ，振動が振動子の一方の場所から他方の場所に伝わるのにかなりの時間を要するであろうから．

§ 108　振動子によって放射されるエネルギーをきめるために，ポインティングの定理に従って，振動子を中心としてそのまわりに描かれた球面を通って外に流出するエネルギー量を計算する．しかし，この定理に従って無限小の時間間隔 dt に球面を通って外に流出するエネルギーを，同じ時間間隔に振動子から放射されるエネルギーに等しいとおいてはならない．なぜなら，一般に電磁エネルギーはいつも外に向かっているとは限らず向きが変わる．したがって，この方法で放射の量としてある値を得るだろうが，それはあるときは正となり，あるときは負となり，その上さらに基礎におかれた球の半径に本質的に依存し，半径の減少とともに無制限に増大する——これは放射エネルギーの概念に矛盾する．むしろ，時間要素についてではなく有限の十分長くとられた時間間隔について全体として球面を通って外に流出するエネルギーを計算するならば，そのときにはこれが球の半径 r に依存しないことが分かる．振動が純粋に周期的ならばその時間として1周期を選べる．一般性を失わないためには周期的でないときを仮定せねばならないが，そのときには最低必要な時間として始めから，放射エネルギーがその基礎となる球の半径には依存しないということ以上に一般的な基準はあげられない．熱輻射論ではいつも非常に速い振動を扱うので，実際には1秒に比べて非常に短い時間を考えることになる．

　球面を通って流れるエネルギーの計算は，球の半径 r を，常に $(r/c)\dot{f}$ が f に比べて大きくなるように十分大きく選ぶ

ときに，最も簡単になる．このとき，$(r/c)\dot{f}$ も $\dot{f}$ に比べて大きいことはむろんのこと，$(r^2/c^2)\ddot{f}$ も f に比べて大きい．これによって，場の方程式(145)は，(146)と(148)を考慮して，

$$\mathfrak{E}_x = \frac{xz}{c^2 r^3}\ddot{f}\left(t - \frac{r}{c}\right) \qquad \mathfrak{H}_x = -\frac{y}{c^2 r^2}\ddot{f}\left(t - \frac{r}{c}\right)$$

$$\mathfrak{E}_y = \frac{yz}{c^2 r^3}\ddot{f}\left(t - \frac{r}{c}\right) \qquad \mathfrak{H}_y = \frac{x}{c^2 r^2}\ddot{f}\left(t - \frac{r}{c}\right)$$

$$\mathfrak{E}_z = -\frac{x^2 + y^2}{c^2 r^3}\ddot{f}\left(t - \frac{r}{c}\right) \qquad \mathfrak{H}_z = 0$$

となる．ここで，すべての成分の比は時間に依存しない．したがってそれらの方向も一定である．また，方程式

$$x\mathfrak{E}_x + y\mathfrak{E}_y + z\mathfrak{E}_z = 0$$

$$x\mathfrak{H}_x + y\mathfrak{H}_y + z\mathfrak{H}_z = 0$$

$$\mathfrak{E}_x\mathfrak{H}_x + \mathfrak{E}_y\mathfrak{H}_y + \mathfrak{E}_z\mathfrak{H}_z = 0$$

は，電場の強さ $\mathfrak{E}$ と磁場の強さ $\mathfrak{H}$ と動径ベクトル r とが互いに垂直であることを示す．さらに，磁場の強さは z 軸と r とによってきめられる子午面に垂直であり，したがって電場の強さはその子午面内にある．ゆえに，これは子午面に垂直に偏光した純粋の横波であり，場の強さ，

$$\mathfrak{E} = \mathfrak{H} = \frac{\sqrt{x^2 + y^2}}{c^2 r^2}\ddot{f}\left(t - \frac{r}{c}\right) = \frac{\sin\theta}{c^2 r}\ddot{f}\left(t - \frac{r}{c}\right)$$

をもって外に向かって伝播する．ここで θ は動径ベクトル r

が振動子の軸，すなわち z 軸となす角である．

　ポインティングの定理に従うと，時間 dt に球面要素 $d\sigma = r^2 d\Omega$ を通って外に流れるエネルギーは，

$$\frac{c}{4\pi} dt d\sigma \, \mathfrak{E}\mathfrak{H} = \frac{\sin^2 \theta}{4\pi c^3} \ddot{f}^2 \left(t - \frac{r}{c}\right) d\Omega dt$$
$$= \frac{1}{4\pi c^3} \sin^3 \theta \, d\theta d\varphi \, \ddot{f}^2 \left(t - \frac{r}{c}\right) dt$$
(150)

したがって，全球面(φ は 0 から 2π まで，θ は 0 から π まで)および t から $t+T$ までの時間について，

$$\frac{2}{3c^3} \int_t^{t+T} \ddot{f}^2 \left(t - \frac{r}{c}\right) dt$$

である．

　この式で球の半径 r は $\ddot{f}$ の変数に現われるのみであり，実際，ここで計算された，半径 r の球面を通って t から $t+T$ までの時間に外に流出するエネルギーは，明らかに，同じ時間に，といっても r/c だけ前の $t-r/c$ から $t-r/c+T$ までの時間に，球の中心にある振動子によって放射されたエネルギーに等しい．

　したがって，t から $t+T$ までの時間に振動子によって放射あるいは放出されるエネルギーとして，表式

$$\frac{2}{3c^3} \int_t^{t+T} \ddot{f}^2 \left(t\right) dt$$
(151)

が得られる．

エネルギー保存原理によると，時間 T に放射されるエネルギーは，同じ時間に生じる振動子の振動エネルギー U の減少に等しい：

$$\frac{2}{3c^3} \int_t^{t+T} \ddot{f}^2\,(t)\,dt = -\int_t^{t+T} dU$$

または，

$$\int_t^{t+T} \left(\frac{dU}{dt} + \frac{2}{3c^3} \ddot{f}^2\,(t) \right) dt = 0 \qquad (152)$$

§ 109 比較的長い時間間隔 T に対して成り立つこの関係からは，当然，個々の時刻 t に対して成り立つ振動子の振動法則は明確には推論されない．実際，ここで与えられたデータでは，初期状態が与えられた場合の振動の経過を詳細にいたるまで明確にきめるには，決して十分でない．一般に振動問題の厳密な解が存在するためには，振動子の表面と内部における性質が詳細にわたって正確に知られねばならない．しかしその場合，問題の取り扱いには，理論を一般的に展開するのはほとんど不可能なほどの数学的な困難がつきまとう．

光と熱輻射の全体的理論においては，この振動問題の厳密な解，すなわち，振動関数 $f(t)$ の完全に正確な計算は全く必要ではなく，最も精密な物理測定と同程度の精度の近似解のみが重要である．しかし，§3 ですでに強調したように，これは常に1振動周期の間隔に比べて著しく長い時間間隔

に関連している．したがって，最も精密な輻射測定の結果も
エネルギー方程式(152)の内容にまで立ちいたれず，この方
程式に矛盾しない $f(t)$ についての微分方程式ならばいずれ
も振動子に対して許される振動法則を与える*[1]．以上の考察
のうえに，考えられうるものの中で最も簡単な振動法則を
(152)式から導こう．

　(152)において dt を掛けた表式を直接零とおけば，振動
法則として非線形微分方程式が得られる．そこで，その積分
を変形して，

$$\int_t^{t+T} \left(\frac{d}{dt} \left(U + \frac{2}{3c^3} \dot{f}\ddot{f} \right) - \frac{2}{3c^3} \dot{f} \cdot \dddot{f} \right) dt = 0 \quad (153)$$

と書く．この(152)式と全く同じ方程式をさらに簡単にする
ために，新しく自明の仮定を導入する．すなわち，常に，

$$\frac{1}{c^3} \dot{f}\ddot{f} \text{ が } U \text{ に比べて小さい} \qquad (154)$$

というものである．これは以下でもずっと仮定され，その
物理的意味は次節で明らかにされよう．この条件は，定数
K, L を適当に選ぶことにより一般に満たされる．なぜな
ら，(142)から一般に，

$$\sqrt{L}\dot{f} \text{ は } \sqrt{K} \cdot f \text{ と同じオーダーであり，}$$

したがって，$\sqrt{L}\ddot{f}$ は $\sqrt{K}\dot{f}$ あるいは $(K/\sqrt{L})f$ と同じオ
ーダーである．これらを(154)に代入することにより，

$$\frac{1}{c^3} \cdot \sqrt{\frac{K}{L}} f \cdot \frac{K}{L} f \text{ は } Kf^2 \text{ に比べて小さい}$$

あるいは,

$$\frac{1}{c^3} \sqrt{\frac{K}{L^3}} \text{ は 1 に比べて小さい} \qquad (155)$$

となるからである. 簡略化して,

$$\frac{2\pi}{3c^3} \sqrt{\frac{K}{L^3}} = \sigma \qquad (156)$$

と書く. σ は小さい数であるというこのとりきめに従って,
(153)から極めてよい近似で,

$$\int_t^{t+T} \left(\frac{dU}{dt} - \frac{2}{3c^3} \dot{f} \cdot \ddot{f} \right) dt = 0 \qquad (157)$$

が得られる. dt を掛けた表式を零とおき dU の値に(142)を
代入することによって, 振動子の振動方程式として次の線形
斉次微分方程式,

$$Kf + L\ddot{f} - \frac{2}{3c^3} \dddot{f} = 0 \qquad (158)$$

が得られる. この式と減衰のない振動に対する方程式(143)
とのちがいは, $\dddot{f}$ の減衰項である[*2].

§ 110 微分方程式(158)を積分するために,

$$f(t) = e^{\omega t + \omega'} \qquad (159)$$

とおくと, 微分方程式は,

$$K + L\omega^2 - \frac{2}{3c^3}\omega^3 = 0 \qquad (160)$$

のときに満たされる．この ω の 3 次の方程式は 1 つの正の
実根と 2 つの複素数の根をもつ．第 1 の根は，関数 $f(t)$ が
時間とともに途方もなく大きな値になるので，物理的な意味
を何らもたない．したがって，複素根のみに注目する．それ
らを，

$$\omega = \alpha \pm \beta i \quad (\beta > 0) \qquad (161)$$

とおき，(160)に代入することにより，実部と虚部に分ける
と，

$$K + L(\alpha^2 - \beta^2) - \frac{2}{3c^3}(\alpha^3 - 3\alpha\beta^2) = 0$$

および，

$$2L\alpha\beta - \frac{2}{3c^3}(3\alpha^2\beta - \beta^3) = 0$$

第 2 の方程式から，

$$\beta^2 = -3c^3 L\alpha + 3\alpha^2 \qquad (162)$$

これを第 1 の方程式に代入して，

$$K + 3c^3 L^2\alpha - 8L\alpha^2 + \frac{16\alpha^3}{3c^3} = 0$$

この α についての方程式はただ 1 つの実根をもつ．この式
を(156)を用いて次の形，

$$\frac{9\sigma^2 c^6 L^3}{4\pi^2} + 3c^3 L^2 \alpha - 8L\alpha^2 + \frac{16\alpha^3}{3c^3} = 0$$

に書き，σ が小さい数であることを考えると，その実根 α は零に近くなることがわかる．そこで，第 1 近似として α の高次の項を省略すると，

$$\frac{9\sigma^2 c^6 L^3}{4\pi^2} + 3c^3 L^2 \alpha = 0$$

となり，

$$\alpha = -\frac{3c^3 \sigma^2 L}{4\pi^2} = -\frac{K}{3c^3 L^2} \tag{163}$$

これに対応して，（162）に従って，

$$\beta = \sqrt{\frac{K}{L}} \tag{164}$$

となる．得られた α と β の値を（161）および（159）に代入し，ω' を任意の複素数の定数とする．関数 $f(t)$ を実部と虚部に分けることによって，振動方程式（158）の次の形の実数解が得られる：

$$f(t) = C \cdot e^{\alpha t} \cos(\beta t - \theta) \tag{165}$$

したがって，振動子はわずかに減衰する振動を行ない，その周期と減衰は β と α によってきめられる．振幅 C と位相定数 θ は初期状態に依存する．

単位時間における振動数を ν_0 と書くと，

$$\nu_0 = \frac{\beta}{2\pi} = \frac{1}{2\pi}\sqrt{\frac{K}{L}} \tag{166}$$

したがって，これは無視されうる微小量を除いて(144)式による非減衰振動の場合におけるのと同じ大きさである.

振動の対数減衰度，すなわち，時間 $1/\nu_0$ へだたった2つの $f(t)$ の値の比の自然対数として，

$$\log e^{-\alpha/\nu_0} = -\frac{\alpha}{\nu_0} = \frac{K}{3c^3L^2}\cdot 2\pi\sqrt{\frac{L}{K}} = \sigma \tag{167}$$

が得られる．これによって省略のために(156)で導入した定数 σ は単純明瞭な物理的意味をもつ.

振動子の性質は，エネルギー定数 K および L による代りに，振動の定数 ν_0 および σ によっても特徴づけられ，(166) および(167)から，

$$K = \frac{16\pi^4\nu_0^3}{3\sigma c^3}, \qquad L = \frac{4\pi^2\nu_0}{3\sigma c^3} \tag{168}$$

が得られる．これらの新しい定数を用いると，振動方程式 (165)は，

$$f(t) = Ce^{-\sigma\nu_0 t}\cos(2\pi\nu_0 t - \theta) \tag{169}$$

となる.

§111　これまで，外からの作用がなく，したがって，任意の与えられた初期状態によってひき起こされた励起が自

然に減衰していくほかない振動子のみを考察してきたが，これからは，もっと一般的な場合，すなわち，同時に外から一定の作用が振動子に働く場合，いいかえれば，振動子が始めから与えられた電磁場中にある場合を考える．この外部の電場の強さと磁場の強さを $\mathfrak{E}$, $\mathfrak{H}$ で表わす．エネルギー方程式 (157) は拡張されて，振動子のエネルギー U はエネルギー放射によるほかに，外部の電磁場が振動子になす仕事によっても変化する．電気双極子の軸が z 軸と一致しているから，時間要素 dt になされるこの仕事は $\mathfrak{E}_z \cdot df = \mathfrak{E}_z \cdot \dot{f} \cdot dt$ によって表わされる．ここで $\mathfrak{E}_z$ は振動子の場所での外電場の強さ，すなわち，振動子がなかったならその場所に存在するだろうと考えられる電場の強さの z 成分である．外場の他の成分は振動子の振動には何ら影響を与えない．

振動子のエネルギー U は時間要素 dt に外からなされた仕事の量だけ増大するから，十分長い時間 T のあいだに振動子によって吸収されるエネルギーは[*3]，

$$\int_t^{t+T} \mathfrak{E}_z \dot{f} \, dt \tag{170}$$

となり，これを補ったエネルギー方程式 (157) は，

$$\int_t^{t+T} \left(\frac{dU}{dt} - \frac{2}{3c^3} \dot{f} \cdot \dddot{f} - \mathfrak{E}_z \dot{f} \right) dt = 0$$

となる．これから，dt を掛けた表式 $=0$ とおき，U の値に (142) を代入すると，振動子の振動方程式として，

$$Kf + L\ddot{f} - \frac{2}{3c^3}\dddot{f} = \mathfrak{E}_z \qquad (171)$$

が得られる. また, (168)によって定数 K, L を定数 ν_0, σ で表わすと,

$$16\pi^4\nu_0^3 f + 4\pi^2\nu_0\ddot{f} - 2\sigma\dddot{f} = 3\sigma c^3\mathfrak{E}_z \qquad (172)$$

　この方程式から, 与えられた初期状態と外場の強さ $\mathfrak{E}_z$ を用いて, 振動子の振動関数 $f(t)$ が計算されると, 振動子の外部電磁場への反作用をきめるという問題も解決する. それは, 振動子の外部で, もともと与えられた場, すなわち「1次」波の成分と, 振動子によって放出される球面波(145), すなわち(148)によって F が与えられる「2次」波の成分を単純に加えることにより重ね合わせると, あらゆる時間における全経過が一義的にきめられるからである.

第2章　周期的平面波の作用の下にある共鳴子

　§ 112　振動方程式(172)の第1の応用として, x 軸に沿って伝播し電場の強さが z 軸の方向の純粋に周期的な平面波が前の章で考察した振動子に当たるという場合を考える. 1次励起波として一般的なマクスウェル方程式(52)に従っ

て,

$$\mathfrak{E}_x = 0 \qquad\qquad\qquad \mathfrak{H}_x = 0$$

$$\mathfrak{E}_y = 0 \qquad\qquad\qquad \mathfrak{H}_y = -C \cos\left[2\pi\nu\left(t - \frac{x}{c}\right) - \theta\right]$$

$$\mathfrak{E}_z = C \cos\left[2\pi\nu\left(t - \frac{x}{c}\right) - \theta\right] \quad \mathfrak{H}_z = 0$$

とおく. ここで ν は1次波の振動数, C（正数）は振幅, θ は位相定数である.

　振動子の振動は一般にその初期状態に依存する. しかし時間 t を十分長くとれば, すなわち $\sigma\nu_0 t$ が大きな数であるならば, (169)に従って振動子の振動に対して初期状態は全く重要でなくなり, 振動は1次波のみによって完全にきめられる. 以下では, 振動子が共鳴子の役割を果たし, 1次励起波と同じ周期で振動が行なわれる場合をもっぱら考察する. 振動方程式(172)において振動子の位置, すなわち, $x = 0$ での $\mathfrak{E}_z$ の値として,

$$\mathfrak{E}_z = C \cos(2\pi\nu t - \theta) \tag{173}$$

とおいて, 積分すると,

$$f(t) = \frac{3c^3 C \sin\gamma}{16\pi^3\nu^3}\cos(2\pi\nu t - \theta - \gamma) \tag{174}$$

となる. ここで,

$$\cot\gamma = \frac{\pi\nu_0(\nu_0^2 - \nu^2)}{\sigma\nu^3} \tag{175}$$

角 γ を一義的にきめるために, それが 0 と π の間にあるも

のときめておく. そうすると $\sin\gamma$ は C と同様に常に正である.

§113

1 次波の振動数 ν と共鳴子の固有振動数 ν_0 の比が中位の大きさで 1 とかなりちがうとき, σ が小さな数であるから, $\cot\gamma$ は, ν が ν_0 より低いか高いかに従って, 正か負の大きな数をとる. したがって, 角 γ は 0 かあるいは π に近く, $\sin\gamma$ に比例する共鳴子の振幅は小さくなる. $\nu=0$ および $\nu=\infty$ という極限の場合については, どちらも商 $(\sin\gamma)/\nu^3$ は小さい値をとるので, 共鳴子の振動は認めがたくなる. したがって, 共鳴子のきわだった共振が起こるためには振動数 ν および ν_0 がほとんど一致しなければならない. この場合, 共鳴子の振動の位相は 1 次波の位相とかなりちがう. 位相差が γ になるからである. $\nu=\nu_0$ で共鳴子の振幅は最大となり, 位相差 γ は $\pi/2$ に等しくなる. 外場の強さ $\mathfrak{E}_z$ が最大値に達する瞬間に $f(t)$ は 0 を通る. すなわち, 電気双極子はその瞬間に電荷をもたず, 電流 $\dot{f}(t)$ は最も大きくなっている. そのとき, $\dot{f}(t)$ は総じて $\mathfrak{E}_z$ に単純に比例し, それと同時に, 共鳴子によって吸収されるエネルギー(170)は最大になる.

§114

ν の ν_0 に対する比が任意の一般的な場合, 共鳴子によって単位時間に吸収されるエネルギーは(170)によって,

$$\frac{1}{T} \int_t^{t+T} \mathfrak{E}_z \dot{f} dt = \overline{\mathfrak{E}_z \dot{f}}$$

である．ここで，$\mathfrak{E}_z$ の値は(173)で与えられ，$\dot{f}$ は(174)によって，

$$\dot{f} = -\frac{3c^3 C \sin\gamma}{8\pi^2 \nu^2} \sin(2\pi\nu t - \theta - \gamma) \qquad (176)$$

$$= -\frac{3c^3 C \sin\gamma}{8\pi^2 \nu^2} [\sin(2\pi\nu t - \theta) \cos\gamma$$
$$- \cos(2\pi\nu t - \theta) \sin\gamma]$$

となる．$\sin(2\pi\nu t - \theta) \cos(2\pi\nu t - \theta)$ の時間平均が 0 であり，$\cos^2(2\pi\nu t - \theta)$ の時間平均が 1/2 であることを考えると，単位時間当たりに共鳴子によって吸収されるエネルギーは，

$$\overline{\mathfrak{E}_z \dot{f}} = \frac{3c^3 C^2 \sin^2\gamma}{16\pi^2 \nu^2} \qquad (177)$$

で，正である．全過程は周期的であるから，このエネルギーは同時に，放出されるエネルギーをも表わすはずである．実際，(176)から，

$$\ddot{f} = -\frac{3c^3 C \sin\gamma}{4\pi\nu} \cos(2\pi\nu t - \theta - \gamma)$$

であり，共鳴子により単位時間当たりに放出されるエネルギーは(151)に従って，

$$\frac{2}{3c^3} \overline{\ddot{f}^2} = \frac{3c^3 C^2 \sin^2\gamma}{16\pi^2 \nu^2}$$

同様に，共鳴子のエネルギーの時間平均値は，(142)と(168)

から，

$$U = \frac{1}{2}K\overline{f^2} + \frac{1}{2}L\overline{\dot{f}^2}$$

$$= \frac{3c^3\nu_0(\nu_0^2 + \nu^2)}{64\pi^2\sigma\nu^6}C^2\sin^2\gamma \qquad (178)$$

となる．

§ 115 ここで，１次波への共鳴子の振動の反作用について手短かにみておこう．１次波と共鳴子によって放出される２次波の場の強さの成分は単純に加えて重ね合わされるが，エネルギー輻射については決してそうはならない．なぜならば，共鳴子はその振動のためにあらゆる方向に輻射としてエネルギーを放出するということから，エネルギー保存原理に従って，同時に，その振動によって１次波からエネルギーを吸収せねばならないことになるからである．事実，さらに詳しく考察すると，１次波と２次波が共通の方向，すなわち，共鳴子から出て x 軸の正方向と小さな角をなす方向に伝播するところでは，常に干渉が起こって互いに弱め合うことが分かる．そして，ポインティングの定理に従ってエネルギー流を直接計算すると，ここでその計算に詳しく立ち入る必要はないが，１次波の減衰は全体としてみると共鳴子によって吸収されるエネルギーに全く等しいということが分かる．したがって，共鳴子は単位時間に１次波から一定の(177)によって表わされるエネルギー量を吸収し，それをあ

らゆる方向に散乱する.

第3章　定常的な熱輻射の作用の下にある共鳴子.共鳴子のエントロピーと温度

§116　前章では，線形振動子の振動方程式(172)を，周期的平面波が励起子の働きをする特別な場合に適用したが，今度は振動子を定常的な熱輻射にさらした場合を考える．この場合は，周期的平面波は，たとえ熱輻射に対応する高い振動数のときでも熱輻射とはみなされないという点で，前の場合と本質的に異なる．なぜなら，有限の熱輻射強度には，§16によると常に輻射線の有限の開口角があり，§18によると常に有限のスペクトル幅がある．しかし，完全に平面的かつ完全に周期的な波の開口角は零であり，スペクトル幅も零である．したがって，周期的平面波の場合，輻射のエントロピーも温度も問題にならない．この熱輻射の電磁理論にとって根本的に重要な事情についてのさらに詳しい説明は次の部(第4部)においてなされるであろう．

さて，まわりを完全反射壁によって囲まれ，任意の熱輻射によって満たされた真空中に振動子があると考える．そうすると，任意の放出吸収物質を含む孤立した空間におけるのと

同様に，時間の経過とともに定常状態が確立し，真空はあらゆる方向に一様な偏光していない熱輻射で満たされる．振動子はこの熱輻射から固有振動数 ν_0 にほとんど等しい振動数の輻射線のみを吸収し放出する．したがって，振動子はこの輻射線にのみ影響を及ぼし，それ以外のすべての振動数の輻射線に対しては透熱性物質のように振る舞う．それらの輻射線は，振動子に変化を起こしたり，あるいは振動子によって変化させられたりしないで，振動子をかすめていく．

§ 117　真空中で共鳴子の振動と熱輻射との間に定常状態が確立したときの関係を問題にする．方程式(172)では振動子の位置での時間の関数である励起波の成分 $\mathfrak{E}_z$ のみを考慮すればよい．この量は振動子に当たるすべての熱輻射線からなり，どんなに複雑であったとしても，有限の時間間隔，たとえば $t = 0$ から $t = \mathfrak{T}$ までの時間間隔についてフーリエ級数

$$\mathfrak{E}_z = \sum_0^\infty C_n \cos\left(\frac{2\pi n t}{\mathfrak{T}} - \theta_n\right) \tag{179}$$

の形に書かれる．ここで，和はすべての正の整数 n についてとられ，定数 C_n（正数）および θ_n は項ごとに任意に異なっていてもよい．時間間隔 $\mathfrak{T}$ すなわちフーリエ級数の基本周期として，以下で考察するすべての時刻 t がその時間間隔内に含まれるように，つまり $0 < t < \mathfrak{T}$ となるように大きく選ぶ．したがって，いずれにせよ，積 $\nu_0 \mathfrak{T}$ は途方もなく大

きな数である. その上, $t=0$ における振動子の状態が時刻 t での経過にもはや全く影響しないほど, t は大きいものとみなす. このことから, (169)に従って積 $\sigma\nu_0 t$ と, さらにそれ以上に,

$$\sigma\nu_0 \mathfrak{T} \text{ は大きな数} \tag{180}$$

でなければならない. $\mathfrak{T}$ の大きさは上限がないから, この条件は直ちに満たされる.

§ 118 関数 $\mathfrak{C}_z$ について詳細に何も知らなくとも, それらは熱輻射の性質とある一定の関係にある. まず, 真空中での輻射の空間密度は, マクスウェルの理論に従って,

$$u = \frac{1}{8\pi} \cdot (\overline{\mathfrak{C}_x^2} + \overline{\mathfrak{C}_y^2} + \overline{\mathfrak{C}_z^2} + \overline{\mathfrak{H}_x^2} + \overline{\mathfrak{H}_y^2} + \overline{\mathfrak{H}_z^2})$$

定常的であらゆる方向に一様な輻射状態であるから, 上の6つの平均値は互いに等しい. したがって,

$$u = \frac{3}{4\pi} \overline{\mathfrak{C}_z^2}$$

また, (179)から,

$$u = \frac{3}{8\pi} \sum C_n^2 \tag{181}$$

さらに, 任意のある方向に進む輻射の比強度として, (21)に従って,

$$K = \frac{cu}{4\pi} = \frac{3c}{32\pi^2} \sum C_n^2 \qquad (182)$$

§ 119 最後の2つの方程式のスペクトル分解を行なおう. まず, (22)に従って,

$$u = \int_0^\infty \mathfrak{u}_\nu d\nu = \frac{3}{8\pi} \sum_\infty^\infty C_n^2 \qquad (183)$$

上の式の右辺の和 $\sum$ は添字 n に対応する個々の項に分かれ, それぞれは振動数 $\nu = n/\mathfrak{T}$ の単周期「部分振動」に対応する. n は整数であるから, 厳密にいうと, この関係は振動数 ν が連続であることを表しているのではない. しかし, ここで考察している振動数は非常に高いので, 隣り合う n の値に対応する振動数 ν は非常に密に並んでいる. したがって区間 $d\nu$ は, ν に比べて無限に小さくても, 多数の, たとえば n' 個の部分振動を含む. このとき,

$$d\nu = \frac{n'}{\mathfrak{T}} \qquad (184)$$

区間 $d\nu$ に対応するエネルギー密度は, 他のスペクトル領域のエネルギー密度には依存しないから, それを(183)式の両辺で等しいとおくと,

$$\mathfrak{u}_\nu d\nu = \frac{3}{8\pi} \sum_n^{n+n'} C_n^2$$

あるいは(184)によって,

$$\mathfrak{u}_\nu = \frac{3\mathfrak{T}}{8\pi} \cdot \frac{1}{n'} \sum_{n}^{n+n'} C_n^2 = \frac{3\mathfrak{T}}{8\pi} \cdot \overline{C_n^2} \qquad (185)$$

となる. ここで, $\overline{C_n^2}$ は n から $n+n'$ までの区間における C_n^2 の平均を表わす. n' が n に比べて小さいならば, その大きさが n' に依存しないような平均値が一般に存在するということは, もちろん, 始めから自明ではないが, 定常熱輻射に特有の, 関数 $\mathfrak{E}_z$ の性質によって条件づけられる. 他方, この平均値には多くの項が寄与しているが, 個々の項 C_n^2 の大きさについても, また, 隣り合う2つの項の間の関係についても何も言えない. むしろそれらは互いに全く独立であるとみなされる.

全く同様に, (24)を用いて, 任意のある方向に進む直線偏光した単色輻射線の比強度として,

$$\mathfrak{K}_\nu = \frac{3c\mathfrak{T}}{64\pi^2} \overline{C_n^2} \qquad (186)$$

が得られる.

これから, とくに輻射の電磁理論によると, 単色の光線あるいは熱輻射は, ただ1つの単周期波によってではなく多数の単周期波の重ね合わせによって表わされ, 輻射線の強度はそれらの平均値から成り立っているということが分かる. 同じ色ではあるが異なった光源からくる2つの光線は決して互いに干渉しないという, 光学から知られている事実はこのことに対応する. すべての光線が単周期的であるなら必ず

干渉するはずである.

§ 120　これまで共鳴子を励起する振動 $\mathfrak{E}_z$ と真空中の熱輻射との関係をあげられる限り確立してきたので, 以下では共鳴子の振動を計算しよう. それは, (172)と(179)から, (174)と(175)を参照することによって, 次のようになる:

$$f(t) = \frac{3c^3}{16\pi^3} \sum_0^\infty \frac{C_n \sin\gamma_n}{\nu^3} \cos(2\pi\nu t - \theta_n - \gamma_n)$$

$$(187)$$

ここで,

$$\nu = \frac{n}{\mathfrak{T}} \quad \text{および} \quad \cot\gamma_n = \frac{\pi\nu_0(\nu_0^2 - \nu^2)}{\sigma\nu^3} \quad (188)$$

とおかれる.

これから直ちに, すでに §113 で注意したように, $\mathfrak{E}_z$ に含まれる部分振動のうち, ν/ν_0 がほとんど 1 に等しいもののみが共鳴子の振動にきわ立った影響を与えるということが分かる. ν が, ν_0 より著しく小さいある値から ν_0 を通って, ν_0 より著しく大きいある値に移るに伴って, 角 γ は 0 から $\pi/2$ を通って π になる. 共鳴子の減衰度 σ が小さければ小さいほど, 角 γ が 0 あるいは π とは著しく異なるような振動数 ν の範囲は狭くなり, この範囲内で角 γ は 0 から π まで急激に増大する. しかし, どんなに σ が小さくとも, 和 $\sum$ の 2 つの隣り合った項, たとえば, n 番目と $n+1$ 番

目に対して γ は常に非常にわずかしかちがわない値をとることに注意する．なぜなら，(188)によって，

$$\cot \gamma_{n+1} - \cot \gamma_n = \frac{\pi \mathfrak{T} \nu_0 (\mathfrak{T}^2 \nu_0^2 - (n+1)^2)}{\sigma (n+1)^3}$$
$$- \frac{\pi \mathfrak{T} \nu_0 (\mathfrak{T}^2 \nu_0^2 - n^2)}{\sigma n^3}$$
$$= - \frac{2\pi}{\sigma \nu_0 \mathfrak{T}}$$

であり，これは(180)に従って小さいからである．この計算の際に，n は 1 に比べて大きく，ν/ν_0 は 1 に近いということを用いた．

したがって，角 γ は，ν が ν_0 を通過していくとき，急激にではあるが極めて滑らかに 0 から π に増大すると言える．量 C_n および θ_n はそれとは全く異なった振る舞いをし，フーリエ級数の各項は次々に断続的に，全く不規則に変化しうる．

§ 121 共鳴子によって単位時間に吸収されるエネルギーは(170)に従って $\mathfrak{E}_z \dot{f}$ の時間平均をとることによって得られる．その際 $\mathfrak{E}_z$ は(179)を，$\dot{f}$ は(187)を用いる．計算すると，表式(177)に相当する，

$$\overline{\mathfrak{E}_z \dot{f}} = \frac{3c^3}{16\pi^2} \sum_0^\infty \frac{C_n^2 \sin^2 \gamma_n}{\nu^2} \tag{189}$$

が得られる．

　ここで再び，振動数 ν が共鳴子の固有振動数 ν_0 に近いような部分振動のみが共鳴子によって著しく吸収されるということが分かる．なぜなら，そのような振動に対してのみ $(\sin \gamma_n)/\nu$ が零と著しく異なるからである．

　共鳴子によって吸収されるエネルギーをそれらに当たる振動数 ν_0 の単色輻射の比強度 $\Re_0$ で割ると，共鳴子の吸収能の尺度とみなすことのできる量が得られる．

　§122　いま，確かに始めから自明ではないが熱輻射の領域での基礎的な経験から確かめられ，§12以来ずっと用いてきた定理を導入しよう．それは，吸収能は入射輻射の強度には依存しないというものである．したがっていまの場合，(189)と(186)を比較することにより，商

$$\frac{\displaystyle\sum_0^\infty \frac{C_n^2 \sin^2 \gamma_n}{\nu^2}}{\mathfrak{T} C_n^2} = A \qquad (190)$$

は振幅 C_n には依存しないことになる．A の値は，すべての振幅 C_n が互いに等しいという特別な場合から容易に導かれる．そのとき平均値 $\overline{C_n^2}$ は C_n^2 そのものに等しくなり，したがって，

$$A = \frac{1}{\mathfrak{T}} \sum_0^\infty \frac{\sin^2 \gamma_n}{\nu^2}$$

和 $\sum$ の値は積分に変えることによって最も容易に計算される．まず，

$$A = \frac{1}{\mathfrak{T}} \sum_0^\infty \frac{\sin^2 \gamma_n}{\nu^2} \cdot \Delta n$$

と書く．ここで Δn は 2 つの隣り合った添字の差で 1 に等しい．対応する振動数が ν と $\nu + d\nu$ であると $\Delta n / \mathfrak{T} = d\nu$ だから，したがって，

$$A = \int_0^\infty \frac{\sin^2 \gamma_n}{\nu^2} d\nu$$

γ_n は §120 に従って ν とともに連続的に変化する．(188)を代入すると，

$$A = \int_0^\infty \frac{d\nu}{\nu^2} \cdot \frac{1}{1 + \dfrac{\pi^2 \nu_0^2 (\nu_0^2 - \nu^2)^2}{\sigma^2 \nu^6}}$$

となる．この積分の値には，ν が ν_0 に非常に近いような項のみが著しく寄与する．したがって，もっと簡単に，

$$A = \frac{1}{\nu_0^2} \int_0^\infty \frac{d\nu}{1 + \dfrac{4\pi^2 (\nu - \nu_0)^2}{\sigma^2 \nu_0^2}}$$

と書かれる．積分変数として ν の代りに，

$$x = \frac{2\pi(\nu - \nu_0)}{\sigma \nu_0}$$

を導入すると，

$$A = \frac{\sigma}{2\pi\nu_0} \int_{-\infty}^{+\infty} \frac{dx}{1 + x^2} = \frac{\sigma}{2\nu_0}$$

これを用いて，(190)から

$$\sum_0^\infty \frac{C_n^2 \sin^2 \gamma_n}{\nu^2} = \frac{\sigma}{2\nu_0} \mathfrak{T} \overline{C_n^2} \tag{191}$$

が，また，(186)から，振動数 ν_0 の単色輻射の比強度として

$$\mathfrak{K}_0 = \frac{3c\nu_0}{32\pi^2\sigma} \cdot \sum_0^\infty \frac{C_n^2 \sin^2 \gamma_n}{\nu^2} \tag{192}$$

が得られる．定常状態であるから，共鳴子によって単位時間に放出されるエネルギーはそれによって単位時間に吸収されるエネルギー(189)と全く同じ大きさである．このことは，(187)を用いて量(151)を直接計算することによっても分かる．

§ 123　結局，共鳴子のエネルギーの時間平均値として，(142)，(168)，(167)から，(178)との比較により，

$$U = \frac{3c^3\nu_0}{64\pi^2\sigma} \sum_0^\infty \frac{\nu_0^2 + \nu^2}{\nu^6} C_n^2 \sin^2 \gamma_n$$

が得られ，また，和の値には振動数 ν が共鳴子の固有振動数 ν_0 の近くにある項のみが著しく寄与するから，

$$U = \frac{3c^3}{32\pi^2\sigma\nu_0} \sum_0^\infty \frac{C_n^2 \sin^2 \gamma_n}{\nu^2}$$

が得られる．(192)との比較により，共鳴子の平均振動エネルギーと，共鳴子の周期をもつ直線偏光した単色輻射線の比強度との間に，非常に簡単な関係

$$U = \frac{c^2}{\nu_0^2} \mathfrak{K}_0 \qquad (193)$$

が得られる．ここで，共鳴子の減衰定数 σ がこの関係に全く入っていないことに特に注目すべきである．

さらに，(24)を考慮すると，共鳴子の平均エネルギーと定常的な輻射状態にある振動数 ν_0 の輻射の空間密度との間の関係として，

$$U = \frac{c^3 \mathfrak{u}_0}{8\pi\nu_0^2} \qquad (194)$$

が得られる．

結局，(185)との比較により，

$$U = \frac{3c^3 \mathfrak{T}}{64\pi^2 \nu_0^2} \cdot \overline{C_n^2} \qquad (195)$$

となり，これによって，共鳴子のエネルギーはそれを励起する波の電場の強さと直接関係づけられる．C_n^2 の平均値は，(185)におけるように，振動数 ν が共鳴子の固有振動数 ν_0 の近くにある多数の部分振動からつくられる．

§ 124 これまで考えてきた系，すなわち，完全に乱反射する壁によって囲まれた一様な輻射で満たされた真空と，その中にある静止した共鳴子とからなる系に，無限小の可逆的な状態変化を行なわせたとする．たとえば，前の部で述べたように，輻射を断熱的に無限にゆるやかに圧縮したとする．そのとき，熱力学の第2主則に従って系の全エントロピー

は不変である．それに対して各振動数の強度 $\Re$ は圧縮によって変化し，したがって共鳴子のエネルギー U も変化する．なぜなら，それは定常状態においては(193)に従ってそれを励起する単色輻射の強度 $\Re_0$ に比例するからである．したがって，共鳴子は圧縮によって生じた輻射のエネルギーの一部を吸収し，それだけのエネルギーを真空中の自由な熱輻射からとり上げるだろう．

　わかりやすくするために，無限小の圧縮過程を 2 つの区間に分けて考える．第 1 期には圧縮が起こり，その際，輻射は共鳴子が全く存在していないかのように振る舞う．そして第 2 期に共鳴子はそれを励起する輻射から第 1 期の過程によって乱された関係(193)が再び成り立つだけのエネルギーを吸収する．第 1 期では，前の部の結果に従って，真空中の熱輻射のエントロピーはそれ自体一定であり続けるが，第 2 期では，熱輻射のエントロピーは，熱を共鳴子にひき渡すことによって変化する．系の全エントロピーは一定であり続けなければならないから，**自由な熱輻射にばかりでなく共鳴子にもあるエントロピーが属しており，共鳴子のエントロピー変化は自由な熱輻射のエントロピー変化をちょうど補っている．**共鳴子の熱力学的状態はそのエネルギー U にのみ依存するから，共鳴子のエントロピー S も U によってきめられる．

§125　定常状態にある振動数 ν_0 の単色の真空輻射のエ

ントロピーの空間密度と共鳴子のエントロピーとの間の関係
を確立することは容易である．なぜなら，熱力学の第2主
則に従えば，定常状態は系の全エントロピーが最大値をとる
ことによってすべての状態から区別されるからである．とこ
ろで，全エントロピーは，共鳴子のエントロピー S と外部
の輻射のエントロピー(113)，すなわち，

$$V \cdot \int_0^\infty \mathfrak{s} \, d\nu$$

とからなる．ここで V は一様な輻射で満たされた真空の体
積である．したがって，絶対的に安定な輻射状態に対して，
すなわち，一定体積の黒体輻射で満たされた真空中の共鳴子
に対して，

$$\delta S + V \int_0^\infty \delta \mathfrak{s} \, d\nu = 0$$

または，

$$\frac{dS}{dU} \delta U + V \int_0^\infty \frac{\partial \mathfrak{s}}{\partial \mathfrak{u}} \delta \mathfrak{u} \, d\nu = 0$$

が成り立つ．変分 δ が満たすべき唯一の条件は，系の全エ
ネルギーが同じであるということ，したがって，

$$\delta U + V \int_0^\infty \delta \mathfrak{u} \, d\nu = 0$$

であることである．いま，すべての輻射線のエネルギーの空
間密度 $\mathfrak{u}$，したがってエントロピーの空間密度 $\mathfrak{s}$ は，振動数
ν_0 のまわりの幅 $\Delta\nu_0$ の狭いスペクトル領域では不変である

とする．ここで $\Delta\nu_0$ は ν_0 に比べて小さいという以外は任意である．そうすると上の2つの方程式は，

$$\frac{dS}{dU}\delta U + V\frac{\partial \mathfrak{s}_0}{\partial \mathfrak{u}_0}\delta\mathfrak{u}\Delta\nu_0 = 0$$

および，

$$\delta U + V\delta\mathfrak{u}\Delta\nu_0 = 0$$

となる．これから，

$$\frac{dS}{dU} = \frac{\partial \mathfrak{s}_0}{\partial \mathfrak{u}_0} \tag{196}$$

4つの量 S, U, $\mathfrak{s}_0$, $\mathfrak{u}_0$ は，ν_0 が与えられているとき，ただ1つの変数に依存する．なぜなら，S は U の一定の関数であり，$\mathfrak{s}_0$ は $\mathfrak{u}_0$ の一定の関数であり，U は $\mathfrak{u}_0$ と(194)式によって関係づけられているからである．それゆえ，ν_0 が一定のとき，

$$\frac{dS}{d\mathfrak{s}_0} = \frac{dU}{d\mathfrak{u}_0} = \frac{c^3}{8\pi\nu_0^2}$$

と書くことができる．これを積分して，物理的に意味のない積分定数を省くと，定常状態にある振動数 ν_0 の輻射のエントロピーの空間密度と共鳴子のエントロピーとの間の関係として，

$$S = \frac{c^3}{8\pi\nu_0^2}\mathfrak{s}_0 \tag{197}$$

が得られる．さらに(133)によって，振動数 ν_0 の単色の直

線偏光したエントロピー輻射の比強度と共鳴子のエントロピーとの間の関係として

$$S = \frac{c^2}{\nu_0^2} \mathfrak{L}_0 \qquad (198)$$

が得られる.

§ 126 (196)式は簡単な物理的意味をもつ. すなわち, (117)を考慮すると,

$$\frac{dS}{dU} = \frac{1}{T} \qquad (199)$$

となる. ここで T は共鳴子を励起する輻射の温度である. 量 dS/dU は共鳴子のエネルギーと特性にのみ依存し, 一般にこの量の逆数を「共鳴子の温度」と定義すれば, 次の定理が成り立つ:輻射の定常状態において, 共鳴子の温度はそれを励起する単色輻射の温度に等しい.

§ 127 共鳴子のエントロピー S のエネルギー U への依存性は, ヴィーンの変位則から知られる. すなわち, (134)式において $\nu = \nu_0$ とおき, $\mathfrak{L}_0$ および $\mathfrak{K}_0$ として(198)および(193)から与えられる値をおくと,

$$S = F\left(\frac{U}{\nu_0}\right) \qquad (200)$$

が得られる. ここで関数 F はその変数以外に普遍定数のみを含み, したがって上で述べた共鳴子の特性に関わる定数を

含まない．これは，これまでにヴィーンの変位則として確立したすべての形式のなかで最も簡単なものである．伝播速度 c はこの中には一般に現われず，振動数 ν_0 は一度 1 乗の形で現われるだけだからである．また，数学的な関係の単純さは，共鳴子の振動によって表わされる物理的な過程の単純さにその基礎をもつのだろう，ということも容易に分かる．

　このことから，変位関数 F の性質についてはこの単純な関係から最も早く洞察されるようになるだろうと推測される．この普遍関数 F の解析的形式がみつかれば，それから §92 以下に従って，正常スペクトルへのエネルギー分布の法則が得られる．しかし，この問題の解決は，さらにエントロピーの概念に詳しく立ち入らなければ不可能なように思われる．そしてこの概念は，電磁的輻射論の観点からは，確率の観点と関連づけてはじめて完全に理解されるもので，それについては次の部で詳しく扱う．

第 4 部

エントロピーと確率

第1章　序論．基礎的な定理と定義

§ 128　電磁輻射論に確率的な考えを導入することによっ
て，この研究分野に電気力学の基礎にとって全く異質の全く
新しい要素が現われるので，この部を始めるにあたって，そ
のような考えの妥当性，必然性についての原理的問題を予め
考察する．つまり，表面的な考察からは，純粋な電気力学の
理論には確率的考慮の入る余地が全くないのではないかと推
論されがちだからである．衆知のとおり，電磁場の方程式と
初期条件と境界条件とによって電気力学的過程の時間的経過
は一義的にきめられるから，場の方程式以外についての考察
は原理的に根拠のないものであり，いずれにしても無用のも
のだからである．すなわち，それは電気力学の基礎方程式と
同じ結果に導く——そのときは余計なものとなる——か，あ
るいは，ちがった結果に導く——そのときは正しくないもの
となる——かである．

このような見かけ上避けられないジレンマにもかかわら
ず，この考えには欠陥が入りこんでいる．なぜなら，熱輻射
の電磁理論において電気力学の基礎方程式だけから導かれ
る結果は決して一義的ではなく，反対に多義的であり，しか
も，無限に高次に多義的だからである．このことを理解する

ために，前章で考えたような，基本的な種類の共鳴子があら
ゆる方向に一様な輻射線を満たした真空中に存在する特別な
例を考える．そこでは，時間の経過とともに定常的な振動状
態が確立し，そのとき共鳴子によって単位時間に吸収され放
出されるエネルギーはそれを励起する単色輻射の強度 $\mathfrak{K}_0$ に
比例する一定値である，という結論が得られた．しかし，こ
の結論は §122 の始めにはっきり指摘したように熱力学的に
基礎づけられているだけで，決して電気力学的に基礎づけら
れてはいない．これに対して，電気力学的輻射論の立場から
は，熱輻射のすべての概念，すべての定理が純粋に電気力学
的考察から展開されることが必要とされる．共鳴子によって
吸収されるエネルギーとそれを励起する輻射の強度との間
の一般的関係を熱力学的経験の介入なしに純粋に電気力学的
方法に基づいて導こうとするならば，直ちに，そのような一
般的関係は得られないことが分かるだろう．いいかえれば，
共鳴子を励起する輻射の強度が一定の場合，共鳴子によって
吸収されるエネルギーについて，純粋な電気力学の立場から
は，励起輻射に含まれる個々の部分振動の振幅 C_n および位
相定数 θ_n の値について詳しいことが何も知られない限り，
一般に何も述べることはできない．なぜなら，吸収エネルギ
ーも励起輻射の強度も，量 C_n および θ_n からそれぞれ異な
った方法で計算される一定の平均値によって表わされ，その
平均値は一般には，たとえば C_n の平均値が C_n^2 の平均値か
ら一般に計算されないのと同様に，互いから計算されないか

らである．したがって，共鳴子にあらゆる方向から当たる輻射の強度が，すべてのスペクトル領域に対して，方向とそして時には時間の関数として完全に与えられ，共鳴子の初期状態も知られているときでも，それによって共鳴子の振動が一義的に計算されるわけではなく，近似的にも計算されず，十分に長い時間に対しても計算されない．むしろ，共鳴子は，C_n および θ_n の個々の値を適当にとれば，同じ入射輻射の強度によって，全く異なった振動をひき起こす可能性がある．事実，後に次の部の第1章において，すべての電気力学の法則に完全に矛盾しない，ある特別な過程について詳しく述べることになろう．そこでは，共鳴子は，非常に奇異に聞こえるが，あらゆる方向からそれに当たる輻射を完全に吸収しつづけ，一般に少しもエネルギーを放射しない（§172）．さらにもう1つ別の過程では共鳴子によって吸収されるエネルギーは負であって[*1]，したがって入射輻射は共鳴子のエネルギーが零に等しくなるまで共鳴子からエネルギーを奪いとるのである！（§173）

　このような特別な例から次のことが分かる．共鳴子の振動は励起輻射の強度によっては決してきめられない．したがって，熱力学の法則とあらゆる経験に従えば一義的な結果が期待されるような場合に，純粋な電気力学は，その微分方程式に現われる定数を一義的にきめるには，いま存在するデータではとても不十分であるから完全に見棄てられる．

§ 129　この事情とそれに伴う電気力学的熱輻射論による
困難についてさらに進む前に，力学的熱理論，とくに気体分
子運動論の場合に全く同様の事情と同様の困難があること
に言及しておこう．たとえば，流れている気体において時刻
$t = 0$ における各場所での気体の速度と密度と温度が与えら
れ，そのほかに境界条件が完全に知られている場合，あらゆ
る経験から，それによってこの過程の時間的経過が一義的に
きめられるものと期待されるだろう．しかし純粋に力学的な
観点からは決してそうはならない．なぜなら，可視的な気体
の速度，密度，温度によってはとても各分子の位置や速度は
与えられず，運動方程式からこの過程の時間的経過を完全に
計算しようとするならば各分子のそれらの量を正確に知らね
ばならないからである．ここでも，可視的な速度，密度，温
度の値が同じときにも無限に多くの全く異なった過程が力学
的に可能であり，そのうちのいくつかは熱力学の基礎法則，
とくに第 2 主則に直接矛盾するということが容易に示され
る．

§ 130　これらの考察から，ある熱力学的過程の時間的経
過の計算を問題にするとき，力学的熱理論も電気力学的熱輻
射論も，それぞれ定式化された初期条件，境界条件を用いて
も（熱力学においてこの過程を一義的にきめるためにはこれ
で十分なのだが），決してうまくいかず，純粋な力学あるい
は電気力学の立場から考えると無限に多くのこの問題の解が

存在するということが分かる．したがって，熱力学的過程を
力学的にあるいは電気力学的に理解することを一般に完全に
は断念したくないならば，特別の補足的仮定を導入すること
で，力学的方程式または電気力学的方程式が一義的で経験と
一致する結果を導くようになる程度に詳細に，初期条件と境
界条件を規定することが唯一の可能性として残る．このよう
な仮定をいかにして定式化すべきかについては，力学の，あ
るいは電気力学の原理そのものからは当然，何の手がかりも
得られない．というのも，それらがその問題を全く未解決の
まま残しているのであるから．しかし，それだからこそ，与
えられた初期条件と境界条件についての，直接測定によって
全く制御できない詳細な点までのとりきめをも含む，力学的
あるいは電気力学的なあらゆる仮定が始めから許されるので
ある．どの仮定が他よりも優れているかということは，その
仮定から導かれる結果をのちに熱力学的な経験則に照らし合
わせて検証することによってのみ判定される．

§131　これによれば，許容されるさまざまの仮定につい
ての決定的な検証はのちになされることになるのだが，す
でにある考察によって先験的に，熱力学をよりどころにせず
に，確立すべき仮定の内容についての確固たる根拠が得られ
る，ということは非常に注目すべきことである．与えられた
初期状態にある1つの共鳴子が一定強度の輻射にさらされ
ているという上の例(§128)にもう一度注目しよう．そうす

ると，そこで述べたように，共鳴子における振動過程は，励起輻射において C_n および θ_n という制御できない個々の値が全く未定である限り，無限に多様である．しかし，与えられた輻射強度の場合に可能なさまざまの C_n と θ_n の値に対応する無限に多くの場合をすべて一層詳細に調べ，それらがそれぞれ導く結果を互いに比較することにより，非常に多くの場合，平均値において全く一致する結果が導かれるが，著しいずれを示すような場合は微々たる数しか起こらず，それは個々の C_n および θ_n の間にある全く特殊の広範囲に及ぶ条件が満たされているときに起こる，ということが分かる．したがって，そのような特殊な条件が成り立っていないものと仮定するなら，定数 C_n および θ_n がその他の点でどんなにさまざまな値をとろうと，共鳴子に対して 1 つの振動が得られ，それは当然，詳細な点まできまっているとはいえないが，すべての測定できる平均値に関しては——そしてそれが制御可能な唯一のものなのであるが——完全にきまった振動であると言える．そして注目すべきことは，このようにして得られた振動は熱力学の第 2 主則の要請に応じるものであるということである．このことについては次の部で詳しく説明するであろう（§182 を参照）．

　力学においても事情は全く同様である．前の例（§129）にもどって，気体の可視的な速度，密度，温度の与えられた値に矛盾しない個々の気体分子の考えられるすべての位置と速度に注目し，それらのそれぞれの組合わせに対して力学的過

程を運動方程式に従って計算すると，非常に多くの場合に，詳細な点では一致しないが，すべての測定できる平均値においては互いに一致する結果が得られ，それはまた熱力学の第2主則を満足するということが分かる．非常にわずかな特別な場合のみが異なった結果を与え，その場合には分子の座標と速度の間に全く特殊の条件が存在する．

§ **132**　上で一定の仮定を導入せざるをえないことを示したが，以上の考察から，その仮定の内容として，直接には制御できない個々の定数の間の特殊な条件に対応する特別な場合は自然界には存在しないのだということさえ述べておけば，それで十分目的が達せられていることは明白である．力学においては，熱運動は「分子的無秩序」であるという仮定[*2] がなされ，電気力学においては自然輻射の仮定がなされる．自然輻射の仮定というのは，1つの輻射線の多くの異なった部分振動(179)の間には測定できる平均値によってきめられる(§181)関係以外のものは存在しないというものである．簡単のためにこのような仮定の成り立つすべての状態，過程を「要素的無秩序」とよぶことにすると，自然界において多くの制御できない構成要素を含むすべての状態，すべての過程は要素的無秩序である，という定理は，力学においても電気力学においても測定できる過程を一義的に決定するための，また同時に熱力学の第2主則の妥当性のための条件あるいは保証を与える．またそれによって，当然，第2

主則に特徴的なエントロピーの概念とそれに直接関係のある温度の概念の力学的あるいは電気力学的説明が見出される. さらに, これからエントロピーと温度の概念が本質的に要素的無秩序の条件に関係づけられることになる. 純粋に周期的で完全な平面波は, 制御できない量を全くもたず, したがって, 1 個の剛体原子の運動の場合と同様に要素的無秩序ではありえないから, エントロピーも温度ももたない. 互いに独立に空間のさまざまの方向に伝播するさまざまの周期の非常に多くの部分振動が不規則に同時に働くこと, または, 非常に多くの原子が不規則に入り乱れて飛びかうことが, 要素的無秩序の仮定が妥当するための条件, したがってまた, エントロピーおよび温度が存在するための条件を生みだす.

　　§ 133　　しかし, 力学的あるいは電気力学的ないかなる量が 1 つの状態のエントロピーを表わすのであろうか?　明らかに, その量はその状態の「確率」に何らかの仕方で関係する. なぜなら, 要素的無秩序性および個別的詳細な制御の不可能性はエントロピーの本質に属するので, 組合わせ的な考察あるいは確率の考察のみがその量の計算に必要な手がかりを与えるからである. 要素的無秩序の仮定そのものだけでも本質的に確率の定理である. なぜなら, その仮定は非常に多くの等確率の場合の中から一定数をとり出し, それらを自然界には存在しないものとみなすからである.

　　エントロピーの概念も熱力学の第 2 主則の内容と同様に

普遍的であり，他方で確率の定理もそれにおとらず普遍的な
意味をもつから，エントロピーと確率とのあいだの関係は極
めて密接なものと推察される．そこで，次の定理をさらに詳
しい議論の基礎におく：一定の状態にある物理系のエントロ
ピーはその状態の確率にのみ依存する．この定理が許容され
るもので実り多いものであることは，のちに多くの場合に示
されるであろう．しかし，ここでは，これの一般的で厳密な
証明を与えることは試みない．実際，そのような試みは，明
らかに，ここでは何の意味ももたないだろう．なぜなら，あ
る状態の「確率」が数値的に定められない限り，上の定理の
正当性を数値的に確かめることはできないからである．その
ために，むしろ，一見して，この定理は一般的に何の物理的
意味ももたないのではないかとさえ思わせる．しかし，簡単
な推論により，ある状態の確率という概念にさらに立ち入る
ことなしに，上の定理に基づいてエントロピーがその確率に
どのように依存するかを全く一般的にきめることができると
いうことが示される．

§ 134　一定の状態にある物理系のエントロピーを S，確
率を W と書くと，上の定理から，

$$S = f(W) \qquad (201)$$

ここで $f(W)$ は変数 W の普遍関数を表わす．W をどんな
に詳しく定義できても，いずれにせよ数学的な確率概念から

は，2 つの互いに全く独立な系からなる 1 つの系の確率は，
それぞれの系の確率の積に等しいということは確かなもので
ある．たとえば，第 1 の系として地上の何かある物体を考
え，第 2 の系としてシリウス上の輻射を満たした空洞を考
えると，地上の物体が一定の状態 1 にあり，同時に空洞輻
射が一定の状態 2 にある確率は，

$$W = W_1 \cdot W_2 \qquad (202)$$

である．このとき，W_1 および W_2 は，考えている系がそれ
ぞれ考えている状態にある確率である．ここで，それぞれの
状態にあるそれぞれの系のエントロピーを S_1 および S_2 と
すると，(201) に従って，

$$S_1 = f(W_1), \quad S_2 = f(W_2)$$

である．他方，熱力学の第 2 主則によると 2 つの互いに独
立な系の全エントロピーは，$S = S_1 + S_2$ であるから，(201)
および (202) に従って，

$$f(W_1 W_2) = f(W_1) + f(W_2)$$

この関数方程式から f が計算される．すなわち，W_2 を一定
として両辺を W_1 で微分すると，

$$W_2 \dot{f}(W_1 W_2) = \dot{f}(W_1)$$

さらに W_1 を一定として W_2 で微分すると，

$$\dot{f}(W_1 W_2) + W_1 W_2 \ddot{f}(W_1 W_2) = 0$$

または,

$$\dot{f}(W) + W \ddot{f}(W) = 0$$

この2次微分方程式の一般積分は,

$$f(W) = k \log W + \text{const}$$

したがって(201)から,

$$S = k \log W + \text{const} \qquad (203)$$

これによって, エントロピーの確率への依存性が一般的に
きめられる. 普遍積分定数 k は地上の系についても宇宙の
系についても同じであり, その数値は地上系についてきめら
れれば宇宙系についても成り立つ. 第2の付加積分定数は,
エントロピー S は任意の付加定数を含むから, 何の物理的
意味ももたず, 随意に省くことができる.

§ 135 (203)という関係は, エントロピー S の表式を確
率的考察から計算するための一般的方法を含んでいる. しか
し, これは当然, 一定の状態にある物理系の確率の値 W が
数値的に与えられてはじめて実際上有効になる. この値の最
も一般的で厳密な定義を追求することは, 力学的ないしは電
気力学的熱理論の最も重要な課題の1つである. そのため

にまず1つの物理系の「状態」という概念にさらに詳しく立ち入る必要がある.

　一定の時刻におけるある物理系の「状態」を，その系で起こる過程の時間的経過を一定の境界条件のもとで測定可能な限り一義的にきめる，互いに独立な量の総体と考える．したがって，状態についての知識は初期条件についての知識と正確に等価である．ゆえに，たとえば，不変の分子からなる気体の場合，その状態は空間分布および速度分布の法則によってきめられる．すなわち，その座標成分と速度成分が，各々の小「区間」あるいは「領域」の内部にあるような分子の数を与えることによってきめられる．さまざまの領域内に入る分子数は，一般に，互いに全く独立である．それは，その状態が平衡状態あるいは定常状態である必要はないからである．したがって，気体の状態が与えられたものと考えられるとき，各領域についての数が知られていなくてはならない．それに対して，その状態の特性を示すためには，各要素領域内に見出される分子に関する詳細を与える必要はない．というのは，ここで分子的無秩序の仮定が補足され，それが，力学的に不確定であるにもかかわらず，時間的過程の一義性を保証するからである.

　光線または熱輻射線の場合には，状態はその方向，エネルギーのスペクトル分布，偏光状態(§17)によってきめられる．個々の周期的な部分振動の振幅や位相について詳しいことを知る必要はない．ここでも要素的無秩序の仮定が補足と

して入ってくるからである.

このように定義された統計的な意味での状態概念は, 純粋に力学的ないしは電気力学的意味での状態概念と区別されるべきであるということが分かる. 力学的ないし電気力学的意味での状態概念によると, 個々の分子すべての座標成分と速度成分, あるいは, 個々の部分振動の振幅と位相が正確に知られてはじめて, 1つの状態が与えられるものとみなされる. そのような状態においてはもはや制御できないような要素は全く現われず, したがって, 確率的考察の入る余地は全くない.

§ 136 一定の要素的無秩序の状態の確率 W についていうと, それはそのような状態がさまざまな仕方で実現されうるということを表わす. なぜなら, 多くの制御不可能な同種の構成要素を含む状態は, 一定の「分布」に対応しているからである. すなわち, 第1の例では気体分子における座標と速度成分の分布に, 第2の例では個々の部分振動における位相と振幅の分布に対応しているからである. しかし, 1つの分布は互いに同種の要素(座標, 速度成分, 振幅, 位相)からなる1つの群の, 他の, 互いに同種の要素(分子, 部分振動)からなる群への1つの配列である. ある一定の状態に注目する限り, 明らかに, 2つの群のどれだけの要素が互いに入れかわって配列されるかということにのみ依っており, 1つの群の個々のどの要素が他の群の一定の個々の要素

に配列されるかには依らない．したがって，一定の状態は，非常に多くの異なった個々の配列によって形成される．1つの群の要素が他の群の要素にそれぞれ配列されている特定の分布のそれぞれをコンプレクシオン（Komplexion）とよぶと，一定の状態は一般に非常に多くのさまざまのコンプレクシオンをもつ．その数，すなわち，与えられた状態が含むコンプレクシオンの数をその状態の確率 W と定義する．これによって，一定の状態が与えられた場合に，W，したがって，（203）から状態のエントロピー S を計算するための方法が得られる．この計算法についての一層詳しい説明は次の第2章において十分に述べることになろう．

　§ 137　ここで用いた確率の定義が，これまで普通に用いられているある事象に関する数学的確率の定義と異なる点に1つだけ言及しておく．後者は周知のように真分数として定義される．すなわち，ある事象にとって好都合な場合の数をすべての等しく確からしい場合の数で割った商として定義される．これに対して，ある物理的状態の確率 W は整数で，しかも大きな数によって表わされる．この2つの定義のちがいを，ある状態の含むコンプレクシオンの数を「すべての可能な」コンプレクシオンの数で割ってその商をその状態の確率とよぶことによって取り除こうという誘惑にかられるかもしれない．ただ，事情によっては，すべての可能なコンプレクシオンの数を問題にするときには困難が生じる．この困

難を，すべての可能な数を全く問題とせずに，上で与えた状態の確率 W の定義を固持することによって回避したい．エントロピーの計算にとっては，上で述べたちがいは，いずれにせよ些細なことである．それは，(203)によると，負の付加定数として加わるだけであるから．

第2章　理想的単原子気体のエントロピー

§138　前の章で，力学的，電気力学的熱理論に確率的考察を導入することの妥当性と必然性とを示し，(203)式で表わされるエントロピー S と確率 W との一般的関係から，一定の状態にある物理系のエントロピーを計算する方法を導いた．この方法を輻射熱のエントロピーの決定に適用する前に，この章では，任意の与えられた状態にある理想的な単原子気体のエントロピーを計算するのに用いよう．この計算の基本的なことはすべて，力学的熱理論についての L. ボルツマン[3] による，部分的にはなお一層大規模な研究論文に書かれている．しかしながら，このような全く簡単な場合に特に立ち入ることは，1つには力学的エントロピーの計算方法と物理的意味を輻射のエントロピーのそれらと比較しやすくするためには，さらに，とりわけ気体分子運動論において

(203)式の普遍定数 k の重要性をはっきりときわ立たせるためには，当を得たものである．そのためには当然，個別的な特殊な場合を取り扱えば十分である．

§ 139 N 個の同一種類の単原子分子からなる一定の状態にある理想気体を考え，その状態でのその気体のエントロピーを問題にしよう．状態が与えられたものと仮定されるから，空間分布と速度分布の法則は知られているものとみなされる(§135)．したがって，空間座標 x, y, z とその微分 dx, dy, dz によってきめられる空間領域と，速度成分 ξ, η, ζ とその微分 $d\xi, d\eta, d\zeta$ とによってきめられる速度領域を考えると，座標と速度が同時にこの 2 つの領域内にある分子の数は与えられたものとみなされる．このような「要素領域」の広がり，

$$dx \cdot dy \cdot dz \cdot d\xi \cdot d\eta \cdot d\zeta = d\sigma$$

は，全領域の外側の境界に比べると小さいが，その中に多くの分子が見出されるとみなされるだけ十分大きい．そうでないと，その状態は要素的無秩序ではありえなくなるからである．要素領域 $d\sigma$ 内に見出される分子の数を，

$$f(x, y, z, \xi, \eta, \zeta) \cdot d\sigma \qquad (204)$$

とおく．f は座標と速度成分の有限の既知の関数とみなされ，その解析的表式は全体の分布法則を表わし，同時に気体

の状態を一義的に表わす. それはそれぞれの要素領域の内部での分子の特別な配置にはもはやよらないからである. f を, 連続で微分可能であると仮定する. その他に, f は, すべての要素領域についての積分によって気体分子の全数が得られる, すなわち,

$$\int f d\sigma = N \qquad (205)$$

という条件を満たしさえすればよい.

§ 140 いま, 本質的には, 与えられた空間分布と速度分布に対する確率をきめることが問題である. それは, §136 によれば, その分布に対応するコンプレクシオンの数に等しい. この目的のために, まず, これまで重要でなかったことだが, すべての要素領域 $d\sigma$ を同じ大きさであると仮定する.

与えられた空間分布と速度分布を次のようにして一目瞭然に図示することができる. さまざまの等しい大きさの要素領域を順番に並べて番号をつけ, 各番号の下に問題の領域にある分子の数をおくのである. たとえば, 10 個の分子と 7 個の要素領域があったとすると, 一定の分布は次の数表によって表わされる:

1	2	3	4	5	6	7
1	2	0	0	1	4	2

これは，

1 個の分子が	要素領域 1 に，
2 個の 〃	〃 2 に，
0 個の 〃	〃 3 に，
0 個の 〃	〃 4 に，
1 個の 〃	〃 5 に，
4 個の 〃	〃 6 に，
2 個の 〃	〃 7 にある

ということである．この一定の分布は，注目している分子がどの要素領域にくるかに従って，多くのさまざまの個々の配列かあるいはコンプレクシオンによって実現される．このようなコンプレクシオンの1つをわかりやすく表わすために，分子に数字をつけて順番に並べて書き，それぞれの分子の数字の下に，そのコンプレクシオンのときに問題にしている分子が属する要素領域の番号をおく．上にあげた分布について，それに属するコンプレクシオンのうちから任意の1つをとり出して表わすと，次の数表が得られる：

1	2	3	4	5	6	7	8	9	10
6	1	7	5	6	2	2	6	6	7

$$(206)$$

これによって，

分子 2 が	要素領域 1 に,	
分子 6, 7 が	〃 2 に,	
分子 4 が	〃 5 に,	
分子 1, 5, 8, 9 が	〃 6 に,	
分子 3, 10 が	〃 7 にある	

ということが表わされている．前の表との比較から直ちに
わかるように，このコンプレクシオンは実際にあらゆる点
で上に与えた分布法則に対応している．同様に，同じ分布
法則に属する他の多くのコンプレクシオンも容易に与えら
れる．求めるすべての可能なコンプレクシオンの数は 2 つ
の数字の列（206）の下段を考えることによって得られる．な
ぜなら，各分子に数字が与えられており，その数字の列はあ
る一定の領域の番号を示しているからである．さらに，分布
法則が与えられているから，その列にそれぞれの数字（すな
わち各要素領域）が何回現われるかが問題の要素領域にある
分子の数になる．さらに数表の変更は分子の要素領域への
新しい配列，したがって新しいコンプレクシオンを与える．
ゆえに，一定状態の可能なコンプレクシオンの数，または
確率 W は，与えられた条件のもとで可能な「重複を許す順
列」の数に等しい．ここで用いている簡単な例では，よく知
られた公式により，その表式として，

$$\frac{10!}{1!\,2!\,0!\,0!\,1!\,4!\,2!} = 37800$$

が得られる. この式の形は, 当面の気体分子の場合に容易に一般化できるようになっている. 分数の分子は, 考えている分子の全数 N の階乗であり, 分母は各要素領域にある分子数, すなわち, いまの場合(204)式によって与えられる分子数の階乗の積である.

したがって, 与えられた空間分布および速度分布, すなわち, 与えられた気体状態の求める確率として,

$$W = \frac{N!}{\prod (f d\sigma)!}$$

が得られる. 記号 $\prod$ はすべての要素領域 $d\sigma$ にわたってとられた積を表わす.

§ 141 これから, (203)に従って, 一定の状態にある気体のエントロピーとして,

$$S = k \log N! - k \sum \log (f d\sigma)! + \mathrm{const}$$

が得られる. 和 $\sum$ はすべての要素領域 $d\sigma$ にわたってとられる.

$f d\sigma$ は大きな数であるから, その階乗はスターリングの公式が適用される. それは大きな数 n に対して省略して次のように書かれる[*4]:

$$n! = \left(\frac{n}{e}\right)^n \sqrt{2\pi n} \qquad (207)$$

したがって, 重要でない項を省いて,

$$\log n! = n(\log n - 1)$$

これによって，n の代りに $f d\sigma$ とおくと，

$$S = k \log N! - k \sum f d\sigma [\log(f d\sigma) - 1] + \text{const}$$

さらに，和の記号 $\sum$ を積分記号で置きかえる．さらにすべての付加定数項は const に含まれるものと考える．まず，$N!$ を含んだ項，つづいてすべての要素領域は同じ大きさであるから対数の中の因子 $d\sigma$ の項，さらに $\sum f d\sigma = N$ が一定であるから -1 の項がその const に属する．そこで気体のエントロピーとして次の式が残る：

$$S = \text{const} - k \int f \log f \, d\sigma \qquad (208)$$

これは，気体分子の任意の与えられた空間分布および速度分布に対して，したがって，気体の各状態に対して成り立つ．

§ 142　ここでは特に，平衡状態にある気体のエントロピーをきめる．そこでまず熱力学的平衡に対応する分布法則の形を問題にする．熱力学の第 2 主則によれば，平衡状態は，一定の全体積 V と全エネルギー U の場合，エントロピー S は最大値をとるという条件によって特徴づけられる．したがって，気体分子の全体積

$$V = \iiint dx dy dz$$

およびその全エネルギー

$$U = \frac{m}{2} \int (\xi^2 + \eta^2 + \zeta^2) f d\sigma \qquad (209)$$

が与えられたものと仮定すると(m は分子の質量），平衡状態に対して条件，

$$\delta S = 0$$

または(208)に従って，

$$\int (\log f + 1) \delta f d\sigma = 0 \qquad (210)$$

が成り立たねばならない．ここで変分 δf は，N, V, U が与えられた値をもつということに矛盾しない分布法則の変化についてとられる．

全分子数 N が不変であるため，(205)により，

$$\int \delta f d\sigma = 0$$

また，全エネルギー U が不変であるため，(209)により，

$$\int (\xi^2 + \eta^2 + \zeta^2) \delta f d\sigma = 0$$

その結果，許されたすべての δf に対して条件(210)が満たされるためには，

$$\log f + \beta (\xi^2 + \eta^2 + \zeta^2) = \text{const}$$

あるいは，

$$f = \alpha e^{-\beta(\xi^2+\eta^2+\zeta^2)} \qquad (211)$$

であることが必要かつ十分である．ここで α および β は定数である．したがって，平衡状態では分子の空間分布は一様，すなわち x, y, z に依存せず，速度分布は周知のマクスウェル分布である．

§ 143 定数 α および β の値は N, V, U の値から求められる．上で得られた f の表式を (205) に代入すると，

$$N = V\alpha \iiint_{-\infty}^{+\infty} e^{-\beta(\xi^2+\eta^2+\zeta^2)} d\xi d\eta d\zeta = V\alpha \left(\frac{\pi}{\beta}\right)^{3/2}$$

f を (209) に代入すると，

$$U = V \cdot \frac{m}{2}\alpha \iiint_{-\infty}^{+\infty} (\xi^2+\eta^2+\zeta^2) \cdot e^{-\beta(\xi^2+\eta^2+\zeta^2)} d\xi d\eta d\zeta$$

$$U = \frac{3}{4} V m\alpha \frac{1}{\beta} \left(\frac{\pi}{\beta}\right)^{3/2}$$

が得られる．これから，

$$\alpha = \frac{N}{V} \cdot \left(\frac{3mN}{4\pi U}\right)^{3/2}, \qquad \beta = \frac{3mN}{4U}$$

となり，結局，N, V, U の値が与えられているとき，平衡状態にある気体のエントロピー S の表式は (208) により，

$$S = \text{const} + kN \left(\frac{3}{2} \log U + \log V \right) \qquad (212)$$

となる．ここで付加定数は N, m をもつ項は含むが，U または V をもつ項は含まない．

§ 144　ここで行なった単原子気体のエントロピーの決定は，（203）式によって表わされるエントロピーと確率との一般的関係にのみ基づいている．特にこの計算において，どこにも，気体分子運動論の特殊な法則を用いなかった．したがって，直接，熱力学の主則を用いて得られたエントロピーの表式から，いかにして単原子気体のすべての熱力学的振舞い，特に状態方程式と比熱の値が導かれるかをみることは重要である．エントロピーの一般的な熱力学の定義式，

$$dS = \frac{dU + p\,dV}{T} \qquad (213)$$

から，S の U および V についての偏微分係数，

$$\left(\frac{\partial S}{\partial U} \right)_V = \frac{1}{T}, \qquad \left(\frac{\partial S}{\partial V} \right)_U = \frac{p}{T}$$

が得られる．したがって，ここで問題にしている気体に対しては（212）を用いると，

$$\left(\frac{\partial S}{\partial U} \right)_V = \frac{3}{2} \frac{kN}{U} = \frac{1}{T} \qquad (214)$$

および，

$$\left(\frac{\partial S}{\partial V}\right)_U = \frac{kN}{V} = \frac{p}{T} \qquad (215)$$

この第 2 の式

$$p = \frac{kNT}{V}$$

はボイル-ゲイ・リュサック-アボガドロの法則である. 最後の名前は, 圧力が分子数 N にのみ依存して分子の性質には依存しないという理由でつけられた. これを通常の形

$$p = \frac{RnT}{V}$$

に書く. n は気体のグラム分子数またはモル数で $O_2 = 32$ g についてきめられる. R は絶対的な気体定数

$$R = 831 \cdot 10^5 \text{ erg/grad} \qquad (216)$$

である〔grad は℃〕. そうすると比較により,

$$k = \frac{Rn}{N} \qquad (217)$$

となる. ω を分子数に対するモル数の比, すなわち同じことだが, モル質量に対する分子質量の比, $\omega = n/N$ とすると,

$$k = \omega R \qquad (218)$$

となる. これから, ω が与えられれば普遍定数 k が計算され, 逆に k が与えられれば ω が計算される.

(214)式は,

$$U = \frac{3}{2} kNT \qquad (219)$$

である．他方，理想気体のエネルギーは，

$$U = Anc_v T$$

ここで c_v はカロリーで測った 1 モルの定積熱容量である．
A は熱の仕事当量

$$A = 419 \cdot 10^5 \ \text{erg/cal} \qquad (220)$$

ゆえに，

$$c_v = \frac{3}{2} \frac{kN}{An}$$

さらに (217) を考慮して，

$$c_v = \frac{3}{2} \frac{R}{A} = \frac{3}{2} \cdot \frac{831 \cdot 10^5}{419 \cdot 10^5} = 3.0 \qquad (221)$$

すなわち，カロリーで測った体積一定の単原子気体のモル熱
となる[*5]．

定圧の場合のモル熱 c_p に対しては熱力学の第 1 主則から，

$$c_p - c_v = \frac{R}{A}$$

(221) を考慮すると，

$$c_p - c_v = \frac{2}{3} c_v, \qquad \frac{c_p}{c_v} = \frac{5}{3}$$

となり，これは単原子気体に対して周知のものである．

1 分子の平均エネルギーあるいは平均活力 L は(219)から,

$$\frac{U}{N} = L = \frac{3}{2}kT \qquad (222)$$

となる.

これらの関係はすべて,力学的表式(208)と熱力学的表式(213)とを同一視するだけで得られることが分かるだろう.

第3章　輻射のエントロピーの計算とその結果.
エネルギー分布則.　要素量

§ 145　これまで,理想気体に対するエントロピーの表式が状態確率からいかにして直接計算できるか,そして,気体の熱力学的性質がすべて熱力学の主則を用いることによっていかにして導かれるかをみてきたが,こんどは,同じ思考方法を輻射熱に対して実行しよう.ヴィーンの変位則から(119)式においてエントロピーの空間密度 $\mathfrak{s}$ に対する表式がエネルギーの空間密度 $\mathfrak{u}$ の関数として,さらに(134)式において各輻射線のエントロピー $\mathfrak{L}$ に対する表式がその比強度 $\mathfrak{K}$ の関数として,さらにまた(200)式において熱輻射にさらされた共鳴子のエントロピー S に対する表式がそのエネルギー U の関数として与えられた.この3つの表式はこれま

で未知のままにしておいた1変数の普遍関数を含む．この関数の計算が以下で重要になる．上の3つの関数のうちの1つに対してこの問題が解かれれば，量 $\mathfrak{H}$, $\mathfrak{L}$, S のあいだの，そして量 $\mathfrak{u}$, $\mathfrak{R}$, U のあいだの前に導いた周知の関係によって，他の2つの関数も見出される．したがって，はじめから3つの方程式のいずれか1つに関わればよい．多くの場合，当然，これらの中で最も簡単なもの，すなわち，すでに強調したように，共鳴子の式(200)，

$$S = F\left(\frac{U}{\nu}\right) \tag{223}$$

を選べばよい．ここで，共鳴子の固有周期の振動数はこれ以降，添字を省略して ν で書く．関数 F はその変数のほかに普遍定数のみを含む．

§146　一定エネルギーの共鳴子のエントロピーを一層詳しく調べるときの第1の問題は，エントロピーの基礎であり，それなしにはエントロピーは何の意味ももたない，要素的無秩序性の様子についての問題である（§132）．この答は(187)式と(195)式に注目することによって与えられる．これによると，定常的な熱輻射にさらされた共鳴子の振動は多くの部分振動の列からなり，そのエネルギーは個々には制御できない非常に多くの量の平均値である．共鳴子の場合，この多数の互いに独立した部分振動は，気体の要素的無秩序が多数の乱れ飛びかう分子に帰せられるのと同じ役割を演ずる．

気体の場合，すべての分子が方向のそろった等しい速度を，またはある一定の仕方で秩序立てられた速度をもつときに，有限のエントロピーについて述べることができないのと同様，振動子にも，その振動が単周期的であるとき，またはその振動が総じて個々にいたるまですべてを規制する何かある一定の法則に従って行なわれるときには，有限のエントロピーに帰すことはできない．なぜなら，この振動過程はもはや要素的無秩序ではないからである．したがって，たとえば，外部から励起されず，ゆえに，その振動が(169)式に従って単純に一定の減衰度をもって減衰する共鳴子は，たとえ有限のエネルギーをもちえても有限のエントロピー，有限の温度をもたない．

　共鳴子の振動が要素的無秩序であるかどうかは，共鳴子の状態を一定の時刻でのみ考慮する限り，明らかに全く判定できない．なぜならば，その状態が時間とともに規則的に変化するか否かは全く未定のままだからである．そのことは，§123でなされたように定常的熱輻射にさらされた共鳴子のエネルギー U は時間平均値としてしかきめられないことと完全に一致する．それゆえ，共鳴子のエントロピー S も1時点に対してではなく，振動子の多くの振動を含む時間間隔に対してのみ意味をもち，エントロピーの時間平均値のみを問題とすることができる[*6]．手短かに言えば，気体の分子運動の場合，無秩序は空間的なものであるが，共鳴子の熱振動の場合は時間的なものである．しかし，共鳴子のエントロピ

ーの計算には，その区別は一見して想像されるほど重大では
ない．というのは，簡単な考察によってそれがとり除かれる
からである．このことは同様の取り扱いに関して特に有利で
ある．

　定常的輻射で満たされた真空中にある 1 個の共鳴子のエ
ネルギーの時間平均値は，あきらかに，同じ定常的輻射場中
にある非常に多くの N 個の全く同じ性質の共鳴子——これ
らの共鳴子互いに離れているのでその振動はほとんど直
接影響されない——のきめられた時刻でとられたエネルギー
の平均値と同じものである．もちろん，そのためにはその場
は空間的に十分拡がっているとみなされねばならない．こ
うして，1 個の共鳴子の各部分振動へのエネルギー分布の問
題は，気体分子の際に扱われた場合に一層よく対応する，N
個の共鳴子のエネルギーの空間分布の問題になる．

　§ 147　与えられた状態における定常的輻射場中にある同
じ性質の N 個の共鳴子からなる系のエントロピーを計算す
るために，§135 で行なったように，まずその系の物理的状
態をきめる量を問題にせねばならない．それはここでは個々
の共鳴子の平均エネルギー U，あるいは共鳴子系の全エネ
ルギー U_N だけである．U_N は U と式

$$N \cdot U = U_N \qquad (224)$$

によって関係づけられる．輻射場は定常的であるから全系の

物理的状態はエネルギーによってきめられるからである[*7].
この点に，ここで扱っている熱輻射の場合と，先の気体の場
合との本質的な違いがある．なぜなら，気体の場合には，状
態は始めから全く任意に仮定できる分子の空間および速度分
布の仕方によってきめられたからである．分布法則が与えら
れてはじめて状態が知られたものとみなされる．それに対し
てここでは，状態の決定のためには N 個の共鳴子の全エネ
ルギー U_N が与えられれば十分である．エネルギー U_N の
個々の共鳴子への特別の分布の仕方はもはや制御できず，す
べて偶然の，要素的無秩序に任されている．なぜならば，輻
射場が定常的であるという条件は，ここでは多くの場合の中
の，ある特別な場合を意味するのではなく，必要不可欠の仮
定なのである．さもないと，商 U_N/N はもはや，すでに行
なったように，1 個の共鳴子のエネルギーの時間平均値と同
じものではなくなってしまう.

§ 148　さらに，エネルギー U_N によってきめられる N
個の共鳴子の状態の確率 W，すなわち，N 個の共鳴子への
エネルギー U_N の配分に対応する個々の配列の数，あるい
はコンプレクシオンの数（§136）を考える．これは気体分子
の場合と全く同様に取り扱うことができる．ただし，共鳴子
系の一定の状態では，分子系の場合とちがって1つではな
く，多数のさまざまの配分が許されることを考慮に入れての
ことである．一定のエネルギー量をもつ（一定の「エネルギ

ー領域」に入ると言った方がよい）共鳴子の数は規定されて
おらず変化しうるものだからである．あらゆる可能なタイプ
のエネルギー分布則を考え，そのそれぞれに対して対応する
コンプレクシオンの数を気体分子の場合と全く同様に計算
し，得られたコンプレクシオン数のすべてを加えることによ
って，与えられた物理的状態の求める確率 W が得られる．

　以下に示すように，上で与えた方法によるよりも早く，し
かも容易に同じ目的に到達することができる．与えられた
全エネルギー U_N を，それぞれの大きさが ε の P 個の等し
い部分に分ける．それらをエネルギー要素とよぶ．そうする
と，

$$P = \frac{U_N}{\varepsilon} \qquad (225)$$

この P 個のエネルギー要素はすべての可能な仕方で N 個の
共鳴子に配分される．その際，重要なことは，きまった共鳴
子にどのエネルギー要素が配分されるかではなく，どれだけ
のエネルギー要素が配分されるかである．そこで，N 個の
共鳴子に番号をつけ，その数字を並べて数列にして書く．そ
れぞれの数字は考えている共鳴子に配分するエネルギー要素
の個数の回数だけ現われるものとすると，このような数列
によって各共鳴子にきまったエネルギーを配分するコンプレク
シオン表が得られる〔コンプレクシオン表の見方については本章
末訳者注を参照〕．数列において数字の順序はコンプレクシオ
ンにとっては問題にならない．単なる数字の置き換えによっ

てきまった共鳴子のエネルギーは何の変化も受けないからである．そのコンプレクシオンにおいて，ある共鳴子がエネルギー要素を全くもたないとき，その数字は数列に全く現われない．数字の列の全数は必ず P，すなわち配分されるべきエネルギー要素の個数である．したがって，すべての可能なさまざまのコンプレクシオンの数は，可能な「N 個の要素の P 個の組への重複を許す組み合わせ」の数に等しい：

$$W = \frac{(N+P-1)!}{(N-1)!\,P!}$$

これは同時に，N 個の共鳴子の与えられた状態の確率である．たとえば $N=3$，$P=4$ のとき，すべての可能なコンプレクシオンの表は，

```
1  1  1  1    1  1  3  3    2  2  2  2
1  1  1  2    1  2  2  2    2  2  2  3
1  1  1  3    1  2  2  3    2  2  3  3
1  1  2  2    1  2  3  3    2  3  3  3
1  1  2  3    1  3  3  3    3  3  3  3
```

である．すべての可能なコンプレクシオンの数は公式に対応して $W=15$ である．

したがって，共鳴子系のエントロピー S_N として，(203) 式により，N と P が大きな数であるから，

$$S_N = k \log \frac{(N+P)!}{N!\,P!}$$

が得られる．ただし付加定数は省いた．さらにスターリング
の公式(207)を用いて,

$$S_N = k\{(N+P)\log(N+P) - N\log N - P\log P\}$$

(225)から P を U_N で，(224)から U_N を U で置き換える
と，N 個の同質の共鳴子のエントロピーとして，わずかな
変形により,

$$S_N = kN\left\{\left(1+\frac{N}{\varepsilon}\right)\log\left(1+\frac{N}{\varepsilon}\right) - \frac{U}{\varepsilon}\log\frac{U}{\varepsilon}\right\}$$

が，また個々の共鳴子のエントロピーとして,

$$S = \frac{S_N}{N} = k\left\{\left(1+\frac{U}{\varepsilon}\right)\log\left(1+\frac{U}{\varepsilon}\right) - \frac{U}{\varepsilon}\log\frac{U}{\varepsilon}\right\}$$

が得られる．この式と(223)を比較すると，エネルギー要素
ε は共鳴子の固有周期の振動数に比例しなければならないと
いうことがわかる．そこで,

$$\varepsilon = h\nu \tag{226}$$

とおく．h は定数である．そうすると，ここで扱った問題の
解として,

$$S = k\left\{\left(1+\frac{U}{h\nu}\right)\log\left(1+\frac{U}{h\nu}\right) - \frac{U}{h\nu}\log\frac{U}{h\nu}\right\}$$

$$\tag{227}$$

が得られる．

§ 149 この結果において注目すべきことは，エネルギーと時間の積の次元をもった新しい普遍定数 h が現われることである．気体のエントロピーの式に対して本質的な違いがここにある．気体の場合には $d\sigma$ で表わした要素領域という量は，物理的に意味のない付加定数においてのみ有効であるので，最後の結果から完全に消えてしまう．定数 h が放出中心における要素的振動過程の際に一定の役割を演じること，けれどもその基礎づけに電気力学的な面から従来の理論が何の詳細な手がかりも提供しない[*8] ことは疑問の余地がない．そして確かに輻射の熱力学は定数 h の普遍的意味が十分に認識されてはじめて完全に満足すべき結論に達する．私はこれを「要素的作用量」あるいは「作用要素」とよびたい．これが最小作用の原理がその名をつけている量と同じ次元であるから．

§ 150 ここで特に興味深いことは，与えられた状態に対応するコンプレクシオンの数を計算する際に，エネルギーはやはり合成された量であるから，これをはじめから引き合いに出さず個々の共鳴子の電磁的状態にさかのぼって考えるならば，上と同じエントロピーの式が得られるのを確かめられることである．これは計算上全く簡単になるというわけではないが，より一般的で，そのために合理的でもある．この場合，本質的には状態空間の「要素領域」を正しく測ることが重要である．なぜなら，その大きさがコンプレクシオンの計

算を基礎づけ，それとともに結局はさまざまの状態の確率を
比較するための尺度を提供するからである．共鳴子の電磁的
状態は §104 に従って f および $\dot{f}$ の値によってきめられる．
座標平面に横軸として f を，縦軸として $\dot{f}$ を描くと，その
平面上の各点は共鳴子の一定の状態に対応し，また逆に一
定の状態は平面上の点に対応する．しかし，この平面の面要
素の大きさは，一般には，共鳴子の状態がこの面要素内の点
によって表わされるための確率の尺度ではない．むしろその
ような簡単な定理が成り立つのは，縦軸として $\dot{f}$ の代りに
座標 f に対応する「運動量」（あるいは f の「モーメント」），
すなわち，

$$\frac{\partial U}{\partial \dot{f}} = g$$

あるいは (142) によって，

$$g = L\dot{f} \tag{228}$$

をとるときのみである[*9]．そこで，座標平面の点の座標とし
て f と g を考え，共鳴子のエネルギーが U と $U + \Delta U$ の間
の値をとるための確率の大きさを問題にする．この確率は，
状態変数 f, g の平面内の曲線 $U = \mathrm{const}$ および $U + \Delta U =$
const によって区切られる面素片の大きさによって測られ
る．

　いま，状態点 (f, g) における共鳴子のエネルギーは (142)
および (228) から，

$$U = \frac{1}{2}Kf^2 + \frac{1}{2}\frac{g^2}{L}$$

によって与えられる．したがって曲線 $U = \mathrm{const}$ は半軸

$$\sqrt{\frac{2U}{K}} \quad \text{および} \quad \sqrt{2UL}$$

をもつ楕円である．この面積はこれによって，

$$\pi\sqrt{\frac{2U}{K}} \cdot \sqrt{2UL} = 2\pi U\sqrt{\frac{L}{K}} = \frac{U}{\nu}$$

となる．ここで(166)式によって共鳴子の固有周期の振動数 ν を代入した．同様に楕円 $U + \Delta U = \mathrm{const}$ の内部の面積は，

$$\frac{U + \Delta U}{\nu}$$

となる．これによって，2つの面積の差，すなわち求める確率の尺度は $\Delta U/\nu$ となる．ここで，全状態平面を，互いに隣り合った2つの楕円によって区切られた環形の面素片が互いに等しくなるような，すなわち

$$\frac{\Delta U}{\nu} = \mathrm{const}$$

となるような，多数の楕円によって個々の細片に分けるならば，これによって，等確率に対応し，したがってエネルギー要素とよばれるべきエネルギー素片 ΔU が得られる．エネルギー要素の大きさを $\Delta U = \varepsilon$ とおき，上の式の const を h に等しいとおくと，ヴィーンの変位則を引き合いに出さなく

ても，正確に以前の式(226)にもどる．同時に，要素的作用量 h は新しい意味をもつことが分かる．すなわち，共鳴子の状態平面における要素領域の大きさという意味である．これは全く任意の振動周期の共鳴子に対して成り立つ．一定の有限量である h が導入されるという事情は，ここで展開される全理論にとって特徴的である．h を無限小とみなすならば，一般的な場合から特別なものとして導かれるある輻射公式に達する（レイリーの法則，§154，とくに §166 を参照）．

　§ 151　(227)式から，(198)と(193)の関係を考慮すると，振動数 ν，比強度 $\mathfrak{K}$ の直線偏光した単色輻射線のエントロピー輻射 $\mathfrak{L}$ の表式

$$\mathfrak{L}=\frac{k\nu^2}{c^2}\left\{\left(1+\frac{c^2\mathfrak{K}}{h\nu^3}\right)\log\left(1+\frac{c^2\mathfrak{K}}{h\nu^3}\right)-\frac{c^2\mathfrak{K}}{h\nu^3}\log\frac{c^2\mathfrak{K}}{h\nu^3}\right\} \tag{229}$$

が，ヴィーンの変位則の式(134)の一層明確な版として導かれる．

　さらに，(197)と(194)を考慮すると，偏光していない一様な単色輻射の，エネルギーの空間密度 $\mathfrak{u}$ に依存する，エントロピーの空間密度

$$\mathfrak{s} = \frac{8\pi k\nu^2}{c^3} \left\{ \left(1 + \frac{c^3\mathfrak{u}}{8\pi h\nu^3} \right) \log \left(1 + \frac{c^3\mathfrak{u}}{8\pi h\nu^3} \right) \right.$$
$$\left. - \frac{c^3\mathfrak{u}}{8\pi h\nu^3} \log \frac{c^3\mathfrak{u}}{8\pi h\nu^3} \right\} \tag{230}$$

が，(119)式の一層明確な版として導かれる．

§ 152 3つの式(227)，(229)，(230)のそれぞれに共鳴子ないしは単色輻射の温度 T を導入し，エネルギー量 U, $\mathfrak{K}$, $\mathfrak{u}$ を温度 T によって表わそう．そのために，式(199)，(135)，(117)をそれぞれ用いる．そうすると以下のようになる：

共鳴子のエネルギーに対して，

$$U = \frac{h\nu}{e^{\frac{h\nu}{kT}} - 1} \tag{231}$$

振動数 ν の直線偏光した単色輻射線の比強度に対して，

$$\mathfrak{K} = \frac{h\nu^3}{c^2} \cdot \frac{1}{e^{\frac{h\nu}{kT}} - 1} \tag{232}$$

振動数 ν の一様な偏光していない単色輻射のエネルギーの空間密度に対して，

$$\mathfrak{u} = \frac{8\pi h\nu^3}{c^3} \cdot \frac{1}{e^{\frac{h\nu}{kT}} - 1} \tag{233}$$

さまざまに合成されたすべての輻射のうちで，黒体輻射は，そこに含まれるすべての単色輻射線が同一温度をもつ(§93)ということによって区別される．したがって，これらの式は

正常スペクトルにおけるエネルギー分布則，すなわち真空に
関する黒体の放出スペクトルにおけるエネルギー分布則を与
える．

　単色輻射線の比強度を振動数 ν に関係づけないで，実験
物理学における慣行に従って，波長 λ に関係づけるならば，
(15)および(16)を用いて，温度 T にある黒体から表面に垂
直に真空中に放出される波長 λ の直線偏光した単色輻射線
の強度として，表式，

$$E_\lambda = \frac{c^2 h}{\lambda^5} \cdot \frac{1}{e^{\frac{ch}{k\lambda T}} - 1} \qquad (234)$$

が得られる．これに帰属する偏光していない輻射の空間密度
は E_λ に $8\pi/c$ を掛けることによって得られる．

　(234)式の歴史については詳しくは下記 §189 を参照して
ほしい．この実験的検証はこれまでのところ経験とのよい一
致を与えている[10]．しかし O. ルンマーと E. プリングスハ
イム[11] によると，これまでの測定は，純粋に実験的立場か
らこの公式の一般的妥当性が確かなものと言明しうるために
は，まだ十分ではない．

　§ 153　λT の小さい値に対して(すなわち定数 ch/k に比
べて小さいとき)，(234)は式，

$$E_\lambda = \frac{c^2 h}{\lambda^5} \cdot e^{-\frac{ch}{k\lambda T}} \qquad (235)$$

となる．これは「ヴィーンのエネルギー分布則」を表す[12]．

この場合, 輻射の比強度 $\mathfrak{K}$ は (232) によって,

$$\mathfrak{K} = \frac{h\nu^3}{c^2} \cdot e^{-\frac{h\nu}{kT}} \tag{236}$$

エネルギーの空間分布 $\mathfrak{u}$ は,

$$\mathfrak{u} = \frac{8\pi h\nu^3}{c^3} \cdot e^{-\frac{h\nu}{kT}} \tag{237}$$

となる. 振動数 ν の共鳴子のエネルギーに対しては (231) から,

$$U = h\nu e^{-\frac{h\nu}{kT}} \tag{238}$$

が得られる. エネルギー U の関数としてのエントロピー S は, 商 $U/h\nu$ が小さい値であると仮定されているから, (227) によって

$$S = -\frac{kU}{h\nu} \log \frac{U}{eh\nu} \tag{239}$$

となる. この関係は十分温度が低いときにはすべての波長に対して成り立ち, 十分波長が短いときにはすべての温度に対して成り立つ.

§ 154 これに対して λT の大きな値に対しては (234) から,

$$E_\lambda = \frac{ckT}{\lambda^4} \tag{240}$$

となる. この関係はレイリー卿[*13] によって初めて確立され

たもので，そのため「レイリーの輻射則」とよぶことができる．

この場合，輻射の比強度 $\mathfrak{K}$ に対して(232)から，

$$\mathfrak{K} = \frac{k\nu^2 T}{c^2} \tag{241}$$

単色輻射の空間エネルギー密度 $\mathfrak{u}$ に対して(233)から，

$$\mathfrak{u} = \frac{8\pi k\nu^2 T}{c^3} \tag{242}$$

が得られる．したがって共鳴子のエネルギーは(231)によって，

$$U = kT \tag{243}$$

ゆえに，これは絶対温度に単純に比例し，共鳴子の固有周期の振動数 ν，一般に共鳴子の特性には全く依存しない．

同じ仮定のもとで，$U/k\nu$ は大きな値とされているから，共鳴子のエントロピー S はそのエネルギー U の関数として，

$$S = k \log U + \text{const} \tag{244}$$

となる．

長波長あるいは高温度に対して成り立つ共鳴子の振動エネルギーの値(243)を，先に(222)において計算した同じ温度での単原子分子の運動の平均活力 L と比較することは興味深い．その比較から，

$$U = \frac{2}{3} L \qquad (245)$$

となる．この関係と，そしてまた分子運動と輻射過程とに対する定数 k の同一性は，全く別の方面から非常に注目すべき仕方で，電子論の結論によって確認される．この理論の見地に従えば，ここで考察されている要素的振動子の線形振動を電子の直線運動と考えねばならない．そうすると，統計力学の定理に従えば，熱輻射で満たされた気体が熱平衡状態にあるとき，電子の直線運動の平均活力は分子の並進運動の平均活力の 3 分の 1 に等しくなければならない．何となれば，分子の運動は 3 つの互いに独立な成分によってきめられ，したがって運動の自由度は 3 であるが，振動子における電子振動にはただ 1 つの運動の自由度のみが帰属するからである．さて，一方で電子振動の平均活力は全振動エネルギーの半分に等しく，$(1/2)U$ であり，他方で分子の並進運動の平均活力の 3 分の 1 は $(1/3)L$ である．これから関係 (245) が導かれる．さまざまの固有振動数をもったさまざまの共鳴子が気体中にあるとき，それらはすべて同じ平均振動エネルギーをもつはずであり，これは，さまざまの種類の分子の並進運動の平均活力が等しいことと同様である．実際 (243) により U は ν に依存しない[*14]．

§ 155 　任意の温度 T での黒体輻射の全空間密度 u として (233) から，

$$u = \int_0^\infty \mathfrak{u}\,d\nu = \frac{8\pi h}{c^3} \int_0^\infty \frac{\nu^3 d\nu}{e^{\frac{h\nu}{kT}} - 1}$$

あるいは,

$$u = \frac{8\pi h}{c^3} \int_0^\infty (e^{-\frac{h\nu}{kT}} + e^{-\frac{2h\nu}{kT}} + e^{-\frac{3h\nu}{kT}} + \cdots)\nu^3 d\nu$$

が得られる. 項ごとに積分することにより,

$$u = \frac{48\pi h}{c^3} \left(\frac{kT}{h}\right)^4 \alpha \tag{246}$$

ここで簡略のために,

$$\alpha = 1 + \frac{1}{2^4} + \frac{1}{3^4} + \frac{1}{4^4} + \cdots = 1.0823 \tag{247}$$

とおいた. これはシュテファン–ボルツマンの法則(75)を表わしている. この法則の定数が,

$$a = \frac{48\pi\alpha k^4}{c^3 h^3} \tag{248}$$

であるという点で一層詳しくなっている.

§ 156 黒体輻射のスペクトルにおいて輻射強度 E_λ の最大値に対応する波長 λ_m は(234)式から,

$$\left(\frac{dE_\lambda}{d\lambda}\right)_{\lambda=\lambda_m} = 0$$

によって与えられる. 微分を行ない, 簡略化して,

$$\frac{ch}{k\lambda_m T} = \beta$$

とおくと,

$$e^{-\beta} + \frac{\beta}{5} - 1 = 0$$

が得られる.この超越方程式の根は,

$$\beta = 4.9651 \tag{249}$$

したがって,ヴィーンの変位則の要請どおり,$\lambda_m T = ch/\beta k$ で一定である.(109)との比較により定数 b の意味として,

$$b = \frac{ch}{\beta k} \tag{250}$$

が得られる.

§ 157 諸数値.a および b の測定値を用いて普遍定数 h および k が容易に計算される.すなわち,(248)式および (250)式から,

$$h = \frac{a\beta^4 b^4}{48\pi\alpha c}, \qquad k = \frac{a\beta^3 b^3}{48\pi\alpha} \tag{251}$$

となる.(79),(110),(247),(249),(51)においてあげられた定数 a, b, α, β, c の値を用いると,

$$h = 6.548 \cdot 10^{-27} \text{ erg} \cdot \text{sec}, \qquad k = 1.346 \cdot 10^{-16} \text{ erg/grad} \tag{252}$$

となる〔ここの grad は ℃ を指す〕.

§ 158　要素的作用量 h の完全な物理的意味を明らかにするためにはなお多種多様の研究が必要である. それに対して, k の値が見出されたことにより, いまや容易に, 普遍的方程式(203)によって表わされるエントロピー S と確率 W との間の一般的関係を C.G.S. 系で数値的にきめることができる. すなわち, 物理系のエントロピーの全く一般的な表式として,

$$S = 1.346 \cdot 10^{-16} \cdot \log W \, \mathrm{erg/grad} \qquad (253)$$

となる. これに任意の付加定数が加わる. この式はこれまでに存在したものの中で最も一般的なエントロピーの定義とみなされる.

気体分子運動論に適用すると, (218)式から, モル質量に対する分子質量の比として

$$\omega = \frac{k}{R} = \frac{1.346 \cdot 10^{-16}}{831 \cdot 10^5} = 1.62 \cdot 10^{-24} \qquad (254)$$

が得られる. すなわち, 1 モルに,

$$\frac{1}{\omega} = 6.175 \cdot 10^{23} \text{ 個}$$

の分子がある. ここで常に酸素 1 モルが $O_2 = 32$ g であることが仮定されている. したがって, たとえば, 水素原子 ($(1/2)H_2 = 1.008$ g)の絶対質量は $1.63 \cdot 10^{-24}$ g である. こ

れによって，0℃ 大気圧の 1 cm³ 中に含まれる理想気体の分子数は，

$$\mathfrak{N} = \frac{76 \cdot 13.6 \cdot 981}{831 \cdot 10^5 \cdot 273 \cdot \omega} = 2.76 \cdot 10^{19} \text{ 個} \qquad (255)$$

となる．絶対温度 $T = 1$ のときの分子の並進運動の平均活力は (222) によって絶対 C.G.S. 系で，

$$\frac{3}{2} k = 2.02 \cdot 10^{-16} \qquad (256)$$

である．一般に分子の並進運動の平均活力はこの数と絶対温度 T との積によって表わされる．

電気的要素量，あるいは 1 価イオンか電子の自由電荷は静電単位で，

$$e = \omega \cdot 9658 \cdot 3 \cdot 10^{10} = 4.69 \cdot 10^{-10} \qquad (257)$$

ここで用いた公式は絶対的な精度で成り立つから，この数値は，普遍定数 k の計算に用いる輻射定数 a, b の値が新しい測定によって改良されない限り，この物理量の最も正確な決定とみなしてかまわない．

§ 159 自然単位．これまで使用したすべての物理単位系は，いわゆる絶対 C.G.S. 系も，各系の基礎にある単位の選択が，あらゆる場所，時間に対して必然的に重要でありかつ一般的な観点からなされるのではなく，本質的にわれわれの地上の文化の特別な必要性を考慮してなされている限り，偶

然的事情の併発にその起源をもつ．長さおよび時間の単位は
われわれの惑星の現在の大きさおよび運動から導かれ，さら
に，質量および温度の単位は，われわれを取り囲む大気の平
均的性質に対応する圧力のもとで地表において最も重要な
役割を演ずる液体，すなわち水の密度および基本的温度点か
ら導かれる．たとえ長さの単位として Na 光の不変の波長を
とったとしても，この任意性という点では原理的にその本質
は変わらない．ここでも多くの化学元素の中から特に Na を
選び出したのは，単に，それが地上で普通に存在し，あるい
はその二重線が見た目に美しいということによって正当化さ
れうるのであって，決してその独自性にあるのではないから
である．したがって，別のある時に外部条件が変えられた場
合，これまで用いられてきた単位系が元来もつべき意味を一
部あるいは全部失ってしまうということも十分考えられる．

　これに対して輻射のエントロピーの表式(227)に現われる
2 つの定数 h および k を用いて長さ，質量，時間，温度の
単位を確立できるということに注目するのは興味深い．こ
の単位は，特別な物体，物質に依存せず，あらゆる時間あら
ゆる文化——地上以外の人間以外の文化も——に対してその
重要性をもち，したがって，「自然単位」とよばれてよいも
のである．

　長さ，質量，時間，温度の 4 つの単位を決定する方法は，
上で述べた 2 つの定数 h および k，さらに真空中の光の伝
播速度 c，重力定数 f によって与えられる．cm, g, sec, ℃

〔プランクはここで Celsiusgrad と記している〕に関するこれら4定数の数値は以下のようになる[*15]:

$$h = 6.548 \cdot 10^{-27} \text{ g cm}^2/\text{sec}$$
$$k = 1.346 \cdot 10^{-16} \text{ g cm}^2/\text{sec}^2 \text{ grad}$$
$$c = 3 \cdot 10^{10} \text{ cm/sec}$$
$$f = 6.685 \cdot 10^{-8} \text{ cm}^3/\text{g sec}^2$$

ここで,「自然単位」を選ぶと新しい単位系では上の4定数の値は1であるが,そうすると長さの単位として,

$$\sqrt{\frac{fh}{c^3}} = 4.03 \cdot 10^{-33} \text{ cm}$$

質量の単位として,

$$\sqrt{\frac{ch}{f}} = 5.42 \cdot 10^{-5} \text{ g}$$

時間の単位として,

$$\sqrt{\frac{fh}{c^5}} = 1.34 \cdot 10^{-43} \text{ sec}$$

温度の単位〔grad Cels は ℃ を指す〕として,

$$\frac{1}{k}\sqrt{\frac{c^5 h}{f}} = 3.63 \cdot 10^{32} \text{ grad Cels}$$

が得られる.これらの量は,重力の法則,真空中の光の伝播

の法則，熱力学の 2 つの主則が成り立つ限り，その本来の意味をもつ．したがってそれらは異なった知性的存在によって異なった方法に従って測定されても同じはずである．

§ 160　通常，光および熱輻射の正常スペクトルを多数の規則的周期振動からなるものとして表わす．この表わし方は，それが (179) 式による全振動のフーリエ級数への分解に結びつけられており，考察を容易に見通しのよいものにするのにとりわけ適しているという点で，十分正当なものである．しかし，それぞれの「規則性」がスペクトルにおける要素的振動過程のある特別な物理的性質に基づいていると理解しようとしてはならない．なぜなら，フーリエ級数への分解可能性は数学的に自明のことであって物理的に何ら新しいことを示しているのでないからである．それに反して，自然全体の中で正常スペクトルの輻射線における振動ほど不規則な過程は存在しないということを，十分な正当性をもって主張することができる．特にこれらの振動は何らかの特徴的な仕方で輻射線の放出中心における特別の過程，たとえば放出振動子の周期とか減衰とかに関係しているわけではない．なぜなら正常スペクトルこそ，放出物質の特性に起因する個々のちがいはすべて完全にならされ，うち消されているということによって，他のすべてのスペクトルから区別されているからである．したがって，たとえば正常スペクトルの輻射線における要素的振動から輻射線を放出する個々の振動子の性質

を推論しようとするなら，それは全く見込みのない企てであろう．

　事実，黒体輻射は，規則的な周期振動からも，全く不規則な孤立した衝撃からも，成り立っているものとみなされる．スペクトルに分解された単色光にみられる特別な規則性は，単に，用いたスペクトル装置，たとえば，分散プリズム（分子の固有周期），回折格子（線幅）に由来する．したがって，光線とレントゲン線とのちがいを——後者は真空中での電磁過程とみなされる——前者において要素的振動が一層大きな規則性をもって行なわれるという事情にみとめるのは適切でない．一定の振幅，位相をもった部分振動のフーリエ級数への分解可能性は，どちらの種類の輻射線に対しても全く同様に成り立つ．しかし，レントゲン振動から光振動を区別するものは，本質的にはそのスペクトル分解の可能性を条件づける部分振動の振動数が小さいということである．そのほかに，おそらく，そのスペクトル領域での輻射の強度が時間的に極めて一様であるということもそうであろう．しかしこれは，要素的振動過程の特別の性質に基づくのではなく，ただ，平均値の一定性に基づくのである．

　§ 161　§152 において表わされた輻射の強度と温度の間の関係は純粋な真空の中に存在する輻射に対して成り立つ．屈折率 n の媒質中に輻射があるとき，その強度の振動数および温度への依存性は，§39 の定理によって規定され，輻射

の比強度 $\mathfrak{K}_\nu$ と輻射の伝播速度の2乗との積はすべての物質に対して同じ値をもつ. この普遍関数(42)の形は直ちに(232)から,

$$\mathfrak{K}_\nu q^2 = \frac{\varepsilon_\nu}{\alpha_\nu} q^2 = \frac{h\nu^3}{e^{\frac{h\nu}{kT}} - 1} \tag{258}$$

となる. ここで屈折率 n は伝播速度に逆比例するから, 屈折率 n の媒質に対して(232)の代りに一層一般的な関係,

$$\mathfrak{K}_\nu = \frac{h\nu^3 n^2}{c^2} \cdot \frac{1}{e^{\frac{h\nu}{kT}} - 1} \tag{259}$$

が, また同様に(233)の代りに一層一般的な関係,

$$u = \frac{8\pi h\nu^3 n^3}{c^3} \cdot \frac{1}{e^{\frac{h\nu}{kT}} - 1} \tag{260}$$

が得られる. これらの表式は, 当然, 屈折率 n の媒質に関して黒い物体の放出に対しても成り立つ.

§ 162 上で見出された輻射法則を, 以下のような一定強度の偏光していない単色輻射の温度を計算するのに用いよう. 小さな面(スリット)から垂直方向に放出され, 屈折性の(または反射性の)同心球面によって互いに分離された透熱性媒質からなる任意の系の軸付近を通るような輻射である. そのような輻射は同一中心のビームからなり, したがって, 各々の屈折面のうしろに, 軸に垂直な放出面の実像かあるいは虚像をつくる. 最後の媒質を, 最初のそれと同様に完全な真空であると仮定する. そうすると, 方程式(232)に従

って輻射の温度を決定するためには，最後の媒質中での輻射の比強度 $\mathfrak{K}_\nu$ を計算することが重要である．それは，単色輻射の全強度 I_ν，像の面の大きさ F，像の1点を通過する輻射線円錐の開口角 Ω によって与えられる．なぜなら，輻射の比強度 $\mathfrak{K}_\nu$ は，(13)に従って，偏光していない光の場合，面要素 $d\sigma$ を通って垂直方向に，要素円錐 $d\Omega$ 内に時間 dt に ν と $\nu+d\nu$ の間の振動数に対応するエネルギー量

$$2\mathfrak{K}_\nu d\sigma d\Omega d\nu dt$$

が通過するということによってきめられるからである．ここで $d\sigma$ が最後の媒質中の像面の面要素を表わすものとすると，これによって考えている像に当たる全単色輻射は強度

$$I_\nu = 2\mathfrak{K}_\nu \int d\sigma \int d\Omega$$

をもつ．I_ν は，積 $d\nu \cdot dt$ が単純な数であるから，エネルギー量の次元である．第1の積分は像の全面積 F であり，第2は像面の1点を通過する輻射線円錐の開口角 Ω である．したがって，

$$I_\nu = 2\mathfrak{K}_\nu F\Omega \tag{261}$$

これから(232)を用いて輻射の温度として，

$$T = \frac{h\nu}{k} \cdot \frac{1}{\log\left(\dfrac{2h\nu^3 F\Omega}{c^2 I_\nu} + 1\right)} \tag{262}$$

が得られる．問題の透熱性媒質が真空でなく，屈折率 n を
もつときにはもっと一般的な関係(259)が(232)に代り，上
の式の代りに，

$$T = \frac{h\nu}{k} \cdot \frac{1}{\log\left(\dfrac{2h\nu^3 F\Omega n^2}{c^2 I_\nu} + 1\right)} \tag{263}$$

または，c, h, k の数値を代入して

$$T = \frac{0.487 \cdot 10^{-10} \cdot \nu}{\log\left(\dfrac{1.46 \cdot 10^{-47}\nu^3 F\Omega n^2}{I_\nu} + 1\right)} \text{ grad Cels}$$

が得られる．ここで自然対数がとられる．I_ν はエルグ，ν
は秒の逆数，F は平方センチメートルで表わされる．可視
光の場合には，分母の付加数 1 は多くの場合は省略できる．

　こうして計算された温度は，問題にしている輻射が透熱媒
質内で乱されないで進む限り，どんなに遠くどんなに大きな
空間に拡がろうと維持される．なぜならば，距離が大きくな
れば一定の大きさの面要素を通過するエネルギー量はます
ます小さくなるが，要素から出ていく輻射線円錐は $\Re$ の値
が全く変わらないでいるように狭くなるからである．それゆ
え，輻射の自由な伝播は完全に可逆的な過程である．その逆
過程は適当な凹面鏡か凸レンズを用いて実現される．

　次に，屈折性の，あるいは反射性の球面のあいだにある残
りの媒質中での輻射の温度を問題にしよう．この媒質中で輻
射は，それによって作られる実像あるいは虚像を考えるなら

ば，上の公式によって与えられる一定の温度をもつ．

単色輻射の振動数 ν は明らかにすべての媒質中で同じである．さらに，幾何光学の法則によると積 $n^2 F\Omega$ は全ての媒質中で等しい．さらにまた輻射の全強度 I_ν が１つの面で屈折（あるいは反射）する際に一定でありつづけるとき，温度 T も一定である．ことばをかえれば，同一中心の輻射線ビームの温度は，規則的屈折あるいは反射によって，その際，輻射のエネルギー損失が起こらない限り，変化しない．乱反射の場合のように，２つまたはそれ以上の異なった方向への輻射の分裂による全強度 I_ν の減少は，輻射線ビームの温度降下に導く．実際，一般に，屈折あるいは反射の際に，それぞれによる一定のエネルギー損失が起こり，それとともに温度降下も起こる．ここに，輻射がただ自由な伝播によって減衰するのか，あるいは分裂，吸収によって減衰するのかに従って根本的な違いが現われてくる．第１の場合には温度は一定にとどまり，第２の場合には温度は下がる[*16]．

§ 163　黒体輻射の法則が確立したので，キルヒホッフの法則(48)を用いると任意の物体の放出能 E は，吸収能 A ないしは反射能 $1-A$ が知られれば，きめられる．金属の場合，この計算は長波長の波に対して特に簡単になる．E. ハーゲンと H. ルーベンス[*17] は実験的に，金属の反射能と，そして一般にすべての光学的性質は，この長波長スペクトル領域では，均質な導体に対する電磁場の簡単なマクスウェ

ル方程式によって表わされ，したがって，定常電流に対する
電気伝導率にのみ依存するということを示している．したが
って，長波長の波に対する金属の放出能は，その電気伝導率
と黒体輻射に対する公式とによって完全に表わされる[18]．

　§ 164　しかし，長波長の波に対する金属の電気伝導率，
したがって吸収能 A と放出能 E とを直接理論的にきめる方
法もある．E. リーケ[19] と，そして特に P. ドルーデ[20] に
よって金属中での熱的および電気的過程に対してうちたて
られた電子論の立場から出発するのである．これによると，
これらの過程はすべて，気体分子がかたい障壁に当たる場
合や互いに反対側から当たる場合と同様に，反対の電荷を帯
びた重さのある金属分子の間を行きかい，金属分子と，ある
いは互いに衝突して跳ねかえされる電子のすばやい不規則
な運動に基づいている．重さのある分子の熱運動の速度は電
子のそれに比べて無視される．定常状態において重さのある
分子の平均運動エネルギーが電子のそれに等しく（上の §154
を参照），そして重さのある分子の慣性質量が電子のそれの
1000 倍以上であるからである．いま，金属内部に電場があ
ると，反対に帯電した粒子は反対側に平均的な速度——本質
的には平均自由行路に依存する——をもって動かされ，これ
から金属の電気伝導率が得られる．他方，輻射熱に対する金
属の放出能は電子の衝突の計算から得られる．なぜなら，電
子が一定速度で一定方向に動く限り，その運動エネルギーは

一定に保たれエネルギー放射は起こらないが，衝突によって
その速度成分の変化を受けると，電気力学から計算される，
常にフーリエ級数の形で表わされる一定のエネルギー量がま
わりの空間に放射されるからである．それは，レントゲン輻
射が陰極から飛び出た電子が対陰極ではね返されることによ
って起こると考えられるのと全く同様である．この計算は，
もちろん，フーリエ級数の部分振動の時間内に多数の電子衝
突が起こるという仮定のもとでのみ，すなわち比較的長い波
長の波に対してのみ実行される．

　この方法は，明らかに，以前に用いたものとは全く別の新
しい仕方で長波長の波に対する黒体輻射の法則を導くために
用いることができる．なぜなら，こうして計算した金属の放
出能 E を電気伝導率を用いてきめた同じ金属の吸収能 A で
割ると，キルヒホッフの法則(48)に従って個々の物質に依
存しない黒体の放出能が得られるはずだからである．こうし
て H. A. ローレンツ*21 はその深遠な研究において黒体の輻
射法則を導いた．その際，内容的には方程式(240)と正確に
一致し，定数 k も気体定数 R と方程式(217)によって関係
づけられるという結果が得られた．この種の輻射法則の基
礎づけは長波長領域に限られるが，金属中の電子運動の機構
とそれによって規定される輻射過程の機構への，深く最も重
要な洞察を与える．同時に，これによって，上の §160 で述
べた理解——これによると，正常スペクトルは非常に多くの
全く不規則な要素過程からなると考えられる——がはっきり

と確認される.

§ 165　さらに, 興味深いのは, 長波長の波に対する黒体
輻射法則と, 輻射定数 k と重さのある分子の絶対質量との
関係が, 最近 J. H. ジーンズ[*22] によって確かめられたこと
である. これはすでに以前, レイリー卿[*23] によって進めら
れた方法に基づくもので, ここで用いたものとは, 物質(分
子, 振動子)とエーテルのあいだの特殊の相互作用からの接
近を全く避け, 輻射で満たされた真空中での過程のみを追
求するという点で本質的に異なる. この考察法の出発点は次
の統計力学の定理である(上の §154 を参照):ハミルトンの
運動方程式に従う系において――その状態は非常に多くの独
立変数の値によってきめられ, その全エネルギーは個々の状
態変数の自乗に依存するさまざまの項の和からなる――, 非
可逆過程が起こるときには, この過程は平均すると, 常に,
個々の独立状態変数に割り当てられた部分エネルギーが互い
に平均化され, 最後には統計的平衡状態に達して平均して互
いに等しくなる方向に起こる. この定理に従って, そのよう
な系では, 状態をきめる独立変数のみが知られれば, 定常的
なエネルギー分布が与えられる.

ここで, 稜の長さが l で金属の反射性側面をもった立方体
中の純粋な真空を考える. その立方体の1つの角を座標原
点とし, そこで交わる稜を座標軸にとると, この空間内で可
能な電磁過程は次の方程式系によって表わされる:

$$\mathfrak{E}_x = \cos \frac{\mathfrak{a}\pi x}{l} \cdot \sin \frac{\mathfrak{b}\pi y}{l} \cdot \sin \frac{\mathfrak{c}\pi z}{l}$$
$$\cdot (e_1 \cos 2\pi\nu t + e_1' \sin 2\pi\nu t)$$

$$\mathfrak{E}_y = \sin \frac{\mathfrak{a}\pi x}{l} \cdot \cos \frac{\mathfrak{b}\pi y}{l} \cdot \sin \frac{\mathfrak{c}\pi z}{l}$$
$$\cdot (e_2 \cos 2\pi\nu t + e_2' \sin 2\pi\nu t)$$

$$\mathfrak{E}_z = \sin \frac{\mathfrak{a}\pi x}{l} \cdot \sin \frac{\mathfrak{b}\pi y}{l} \cdot \cos \frac{\mathfrak{c}\pi z}{l}$$
$$\cdot (e_3 \cos 2\pi\nu t + e_3' \sin 2\pi\nu t)$$

$$\mathfrak{H}_x = \sin \frac{\mathfrak{a}\pi x}{l} \cdot \cos \frac{\mathfrak{b}\pi y}{l} \cdot \cos \frac{\mathfrak{c}\pi z}{l}$$
$$\cdot (h_1 \sin 2\pi\nu t - h_1' \cos 2\pi\nu t)$$

$$\mathfrak{H}_y = \cos \frac{\mathfrak{a}\pi x}{l} \cdot \sin \frac{\mathfrak{b}\pi y}{l} \cdot \cos \frac{\mathfrak{c}\pi z}{l}$$
$$\cdot (h_2 \sin 2\pi\nu t - h_2' \cos 2\pi\nu t)$$

$$\mathfrak{H}_z = \cos \frac{\mathfrak{a}\pi x}{l} \cdot \cos \frac{\mathfrak{b}\pi y}{l} \cdot \sin \frac{\mathfrak{c}\pi z}{l}$$
$$\cdot (h_3 \sin 2\pi\nu t - h_3' \cos 2\pi\nu t)$$

$$(264)$$

ここで $\mathfrak{a}$, $\mathfrak{b}$, $\mathfrak{c}$ はそれぞれ正の整数である. 境界条件はこの表式において, 6つの境界面 $x=0$, $x=l$, $y=0$, $y=l$, $z=0$, $z=l$ において電場の強さ $\mathfrak{E}$ の接線成分が消えるということによって満たされる. マクスウェルの場の方程式(52)も同様に, 代入すれば分かるように, 定数の間に次のような一定

の関係があるときにすべて満足される．それは次の 1 つの定理にまとめることができる．すなわち，a によってある正の定数を表わすならば，正方形に並べた 9 つの量，

$$
\begin{array}{ccc}
\dfrac{\mathfrak{a}c}{2l\nu} & \dfrac{\mathfrak{b}c}{2l\nu} & \dfrac{\mathfrak{c}c}{2l\nu} \\[2ex]
\dfrac{h_1}{a} & \dfrac{h_2}{a} & \dfrac{h_3}{a} \\[2ex]
\dfrac{e_1}{a} & \dfrac{e_2}{a} & \dfrac{e_3}{a}
\end{array}
$$

の間に，2 つの右手直交座標系の 9 つのいわゆる「方向余弦」，すなわち 2 つの系の 2 つの軸のあいだの角の余弦が満たす関係がある．

　したがって，横の列，あるいは縦の列の各項の自乗の和は 1 であり，たとえば，

$$
\frac{c^2}{4l^2\nu^2}(\mathfrak{a}^2 + \mathfrak{b}^2 + \mathfrak{c}^2) = 1
$$

$$
h_1^2 + h_2^2 + h_3^2 = a^2 = e_1^2 + e_2^2 + e_3^2
\tag{265}
$$

さらに，2 つの平行な列の対応する項の積の和は零である．したがって，たとえば，

$$
\mathfrak{a}e_1 + \mathfrak{b}e_2 + \mathfrak{c}e_3 = 0
$$

$$
\mathfrak{a}h_1 + \mathfrak{b}h_2 + \mathfrak{c}h_3 = 0
\tag{266}
$$

さらに，次の形の関係，

$$\frac{h_1}{a} = \frac{e_2}{a} \cdot \frac{cc}{2l\nu} - \frac{e_3}{a} \cdot \frac{bc}{2l\nu}$$

したがって,

$$h_1 = \frac{c}{2l\nu}(ce_2 - be_3) \quad 等 \tag{267}$$

が成り立つ. 整数 a, b, c が与えられると, (265)に従って振動数 ν は直ちにきめられる. そこで6つの量 e_1, e_2, e_3, h_1, h_2, h_3 のうち任意の2つを選べば, 残りはそれらによって1次斉次式で一義的にきめられる. たとえば, e_1 と e_2 を任意に仮定すると, e_3 は(266)から計算され, つづいて h_1, h_2, h_3 の値が(267)の関係から得られる. ダッシュのついた定数 e_1', e_2', e_3', h_1', h_2', h_3' の間にはダッシュのつかないものの間にあるのと全く同じ関係があり, それらはダッシュのつかないものとは全く独立である. それゆえ, それらのうちから任意の2つ, たとえば h_1' と h_2' を選べば, a, b, c が与えられているとき, 上の方程式に現われるすべての定数のうち4つが未定のまま残る. 任意の数の組 a, b, c のそれぞれについて(264)の形の表式を書き, 対応する場の成分を加えると, 再びマクスウェルの場の方程式と境界条件の解が得られるが, それらは非常に一般的に考えている立方体中の可能なすべての電磁過程を表わすことができる. なぜならば個々の特別解においては未定のままになっている定数 e_1, e_2, h_1', h_2' を, その過程が任意の初期状態($t=0$)に適合できるように自由に処理できるからである.

　ここで，これまでに仮定してきたように，その空間に物質が全くないならば，輻射過程は与えられた初期状態のもとで詳細にわたるまで一義的にきめられる．それは一連の定常振動からなり，それぞれは問題にしている特別解の１つによって表わされ，完全に互いに独立に起こる．それゆえこの場合には非可逆性は問題にならない．したがって，個々の部分振動に分配された部分エネルギーの均等化への傾向も問題にならない．しかしながら，空洞中に電磁振動に影響を及ぼしうるようなほんのわずかの物質，たとえば輻射を放出吸収するいくつかの気体分子が存在すると仮定するならば，その過程は無秩序になり，たとえ緩慢ではあっても，より起こりやすくない状態からより起こりやすい状態への移行が起こるだろう．分子の電磁的構造にさらに詳しく立ち入ることをしないで，上述の統計力学の定理から，すべての可能な過程のなかでエネルギーがすべての独立の状態変数に一様に分布しているようなものが定常的性質をもつ，という結論を導くことができる．

　そこでこれらの独立変数をきめよう．まず第一に気体分子の速度成分がある．分子の３つの互いに独立の速度成分のそれぞれに，定常状態では平均してエネルギー $(1/3)L$ が対応する．ここで L は１個の分子の平均エネルギーを表わし (222) によって与えられる（§154 を参照）．定常状態において電磁系の各独立変数に平均して分配される部分エネルギーも同じ大きさである．

上の考察に従うと，全空洞の電磁的状態は，一定の1組
の数値 $\mathfrak{a}$, $\mathfrak{b}$, $\mathfrak{c}$ に対応して存在する振動のそれぞれに対し
て，任意の時刻において4つの互いに独立な量によってき
められる．したがって，輻射過程に対して状態の独立変数の
数は正の整数 $\mathfrak{a}$, $\mathfrak{b}$, $\mathfrak{c}$ の可能な値の組の数の4倍である．

ここで，一定のせまいスペクトル領域内，たとえば振動数
ν と $\nu+d\nu$ の間にある振動に対応する，$\mathfrak{a}$, $\mathfrak{b}$, $\mathfrak{c}$ の可能な値
の組の数を計算しよう．(265)によってこれらの値の組は不
等式，

$$\left(\frac{2l\nu}{c}\right)^2 < \mathfrak{a}^2+\mathfrak{b}^2+\mathfrak{c}^2 < \left(\frac{2l(\nu+d\nu)}{c}\right)^2 \quad (268)$$

を満足する．このとき $2l\nu/c$ ばかりでなく $2ld\nu/c$ も大きな
数と考えるべきである．正の整数 $\mathfrak{a}$, $\mathfrak{b}$, $\mathfrak{c}$ の値を直交座標
系における座標と理解することにより $\mathfrak{a}$, $\mathfrak{b}$, $\mathfrak{c}$ の値の組を1
つの点で表わすと，得られる点は無限空間の8分の1を占
め，条件(268)はこれらの点の座標原点からの距離が $2l\nu/c$
と $2l(\nu+d\nu)/c$ の間の値にあるということと同じである．し
たがって，求める数は，半径 $2l\nu/c$ と $2l(\nu+d\nu)/c$ に対応
する2つの8分の1球面の間にある点の数に等しい．ここ
で各点は体積1の立方体に対応し，また逆に体積1の立方
体は1点に対応するから，点の数は単純に上の球殻の体積
に等しく，したがって，

$$\frac{1}{8} \cdot 4\pi \left(\frac{2l\nu}{c} \right)^2 \cdot \frac{2ld\nu}{c}$$

そして対応する独立状態変数の数はこの 4 倍で,

$$\frac{16\pi l^3 \nu^2 d\nu}{c^3}$$

に等しい. 定常的過程の場合, 各独立状態変数に平均して部分エネルギー $L/3$ が分配されるから, ν から $\nu+d\nu$ までの振動数の区間に分配されるエネルギーは全体で,

$$\frac{16\pi l^3 \nu^2 d\nu}{3c^3} \cdot L$$

となる. 空洞の体積は l^3 であるから, 振動数 ν の空間エネルギー密度として,

$$\mathrm{u}d\nu = \frac{16\pi \nu^2 d\nu}{3c^3} \cdot L$$

が得られ, さらに (222) から L の値を代入すると,

$$\mathrm{u} = \frac{8\pi \nu^2 kT}{c^3} \tag{269}$$

が得られる.

§ 166　上の公式を (242) と比較すると, 統計力学によって輻射密度, 温度, 振動数の間の関係として, 共鳴子振動から導かれた輻射法則によるのと全く同じものが導かれることが分かる. もちろん, 十分長い波長の波あるいは高温度に

ついてのみである．この条件のもとでのみ方程式（242）は正当であるからである．この制限から統計力学を輻射過程に適用するうえで一定の困難が生じる．なぜならば，エネルギー等分配則をすべての独立状態変数に全く無制限に適用するならば，上の関係はすべての温度と振動数に対して全く一般的に成り立たねばならない．そして，容易に分かるように，エネルギー密度が振動数とともに無際限に増大するであろうから，定常的なエネルギー分布は不可能になるであろう．

J. H. ジーンズ[*24] はこの困難を次の仮定によって除こうとする．すなわち，放出吸収物質を含む輻射で満たされた空洞中には実際には何ら安定な輻射状態は存在せず，存在する全エネルギーは時間の経過とともにますます高い振動数の熱輻射に移り，結局は，分子運動の速度は認めがたいほど小さくなり，その絶対温度は零に等しくなるというものである．

私はそのような仮定に従うことはできない．なぜなら，日常経験から得られた定理が，それから導かれるさまざまの結果と最も精密な測定との一致が証明されるということによって確かなものとされる限り，物質を含む空洞中の輻射は物質とエーテルとの間の一定の最終エネルギー分布に向かおうとするという定理の場合にもそれが妥当するからである．これまでに熱輻射論において引き出された，一部は一見して非常に大胆にみえる，熱力学的結果は，放出能と吸収能とが比例するというキルヒホッフの法則から始まって，すべて熱力学的意味で絶対的な平衡状態が存在するという仮定に基づいて

いる．そして，その仮定を棄てるならばそれらすべては基礎を失うであろう．それに対して，その定理の結果として出てくる事柄は経験と決して矛盾しないことが分かっている．他方，逆に，黒体輻射の場合，実際に安定な状態に関わっていないという推測に導きうるための示唆を認めさせるようなものは，これまで引き出されていない．逆に，物体が熱輻射により温められうる，したがって輻射エネルギーが補償なしに分子運動のエネルギーに移行しうるという簡単な事実も，上の観点からは，熱力学の第2主則と一致させることは難しい．

　私の考えでは，上述の困難は，エネルギー等分配則をすべての独立状態変数に根拠なしに適用することによってのみひき起こされる．実際，この法則の妥当性にとっては，全エネルギーが与えられている場合の始めから可能なすべての系のあいだの状態分布は「エルゴーデ」である*25 という仮定，あるいは簡単に表現すれば，系の状態が一定の微小な「要素領域」(§150)にあるための確率はその領域が十分小さいとみなされるならばその大きさに単純に比例するという仮定が本質的である．しかし，この仮定は定常的なエネルギー輻射の場合，満たされない．というのは，要素領域は任意に小さいものとみなされず，その大きさは要素的作用量（作用要素）の値 h によってきめられる有限量でなければならないからである．ただ，作用要素を無限小と仮定できるならば，エネルギー等分配則が得られる．実際，無限小の h に対して，

(233)式から分かるように，一般的なエネルギー分布はここで導いた特別な(269)式に移行し，そのとき一般に，レイリーの輻射法則に対応する§154のすべての関係が成り立つ．このときエネルギー等分配則に対応して，すべての共鳴子のエネルギーも互いに等しくなるが，これは一般にはそうはならない．

　当然，作用要素 h には直接的な電気力学的な意味が付されねばならないが，それがどのようなものであるかは，いまのところ未解決の問題である．

〔訳者注：§148のコンプレクシオン表について〕　コンプレクシオン表とは，P 個あるエネルギー要素を N 個ある共鳴子に配分するに際しての考えうるパターン，すなわちコンプレクシオンを，項数 P の数列の形ですべて書き出した表である．コンプレクシオンが示す各数字は，「共鳴子の番号」である．

1　2　3　3

↑　↑　↑　↑

各数字はエネルギー要素が配分された
「共鳴子の番号」を表わしている

　たとえば「P＝4，N＝3」の場合，上記の「1　2　3　3」というコンプレクシオンは，4個あるエネルギー要素のうち，1個を共鳴子1に配分し，1個を共鳴子2に配分し，2個を共鳴子3に配分する，というパターンを表わしている．「P＝4，N＝3」の場合，

エネルギー要素を共鳴子に配分するパターンは，このコンプレクシオンを含めて計 15 通りある．§148 のコンプレクシオン表には，その 15 通りのパターンがすべて列記されている．

第5部

非可逆的輻射過程

第1章　序論．輻射過程の直接的反転

　§ 167　前の部での展開によって，安定な熱力学的平衡に
ある等方性媒質中での熱輻射の性質はあらゆる点で知られ
たものと考えられる．すべての方向に一様な輻射の強度は，
任意の媒質中の黒体輻射に対する方程式(259)によると，す
べての波長に対して温度と伝播速度とにだけ依存する．しか
し，この理論で未解決の問題がある．むしろ，ちょうどかた
い容器の中に閉じこめられた気体が，始め任意に与えられた
流れと温度差のある状態から，徐々に安定な等温分布の状態
に移行するのと同様に，不透過性の覆いによって囲まれた媒
質中に始めに存在する全く任意に与えられた輻射が，どのよ
うな仕方でどのような過程によって，徐々にエントロピー極
大に対応する黒体輻射の状態に移行するのかが説明されねば
ならない．

　このはるかに困難な問題は今日までに限られた範囲内で
しか答えられていない．第1に，前の部の第1章での詳細
な議論から明らかなことは，ここでは非可逆過程を扱ってい
るから，純粋な電気力学の原理だけではうまくいかないとい
うことである．純粋な電気力学は，純粋な力学も同じである
が，熱力学の第2主則あるいはエントロピー増大の原理と

は内容的に異質であるからである．そのことは，力学の基礎
方程式も電気力学のそれもすべての過程の直接的な時間的な
反転を許すというエントロピー増大の原理とは全く矛盾する
事情に端的に示される．もちろん，あらゆる種類の摩擦や電
流の電気伝導は除外されていると考えねばならない．これら
の過程は，常に熱の発生を伴うから，もはや純粋な力学ある
いは電気力学には属さないからである．

　これを仮定すれば，力学の基礎方程式には時間 t は加速度
成分，したがってその2階微分の形でしか現われない．そ
こで，運動方程式に時間変数として t の代りに $-t$ を入れて
も，その形は不変のまま保持される．これから，ある質点系
が運動しているとき，ある瞬間にすべての質点の速度成分を
突然反転させると，運動は正確に逆行しなければならないと
いうことになる．電気力学的過程に対しては，均質な不伝導
性媒質においては，全く同様のことが成り立つ．電気力学的
場のマクスウェル方程式において，あらゆるところで t の代
りに $-t$ と書き，さらに磁場の強さ $\mathfrak{H}$ の符号を反対にする
と，容易に分かるように，方程式は不変のままである．これ
から，ある電気力学的過程で一定の時刻に突然いたるところ
の磁場の強さを反対にし，電場の強さの値はそのままにして
おくとき，その過程全体は反対方向に進行しなければならな
いということになる．

　§168　すべての純粋に電気力学的過程は逆方向にも起こ

りうるというこの定理は，完全な真空中での電磁場の伝播に
対しては直接証明されても，一見して，第3部で考察した
振動子の振動の場合にはその効力を失うように思われる．な
ぜなら，そのような振動子の振動に対して方程式(171)は，

$$Kf + L\ddot{f} - \frac{2}{3c^3}\dddot{f} = \mathfrak{E}_z \qquad (270)$$

だからである．ここで $\mathfrak{E}_z$ は振動子の位置における1次励起
波の電場の強さの z 成分を表わす．いま，この方程式におい
て f の微分を t についてではなく，その代りに $-t$ につい
て行なうならば，減衰項の符号が変わり，したがって，振動
過程は逆方向に起こりえないものと信じたくなるかもしれ
ない．しかし，それは誤った結論であろう．なぜなら，この
全振動過程には振動子自身の振動ばかりでなく，それを励
起する1次波も属しており，過程の反転について言うとき
には振動子ばかりでなく外場も考察に入れねばならないか
らである．以前($\S107$)にみてきたことによると，振動して
いる振動子は一定の球面波をまわりの真空に放出する．した
がって，全過程を反転した場合，それは，反転した始めの1
次波 $\mathfrak{E}_z$ によるばかりでなく，同時に反転した球面波，すな
わち，振動子を中心としてその内部に向かって進む球面波に
よっても励起される．これら二重の影響のもとでその振動が
どのように形成されるかが問題であろう．この問題は以下で
一般的に追求されるであろう．

§ 169　まず，振動子を中心として外から内部に向かって進む球面波，すなわち振動子から直接放出される球面波の反転を表わす球面波の性質を考えよう．直接波は方程式（145）において関数 F として（148）で与えられる表式を代入することによって与えられる．それゆえ，時刻 $t = 0$ で直接波のすべての磁場の強さを突然反転させると生ずる逆行波は，同じ方程式（145）において関数 F として，

$$F = \frac{1}{r} \cdot f\left(-t - \frac{r}{c}\right) \tag{271}$$

を代入することによって表わされる．（145）に代入することによって，いたるところ t の代りに $-t$ となり磁場の強さの符号が反対になっていることを除いて，直接波に対するのと同じ場の強さの成分の表式が得られるからである．実際，波動関数（271）は内部に向かって進む球面波を表わす．

そこで，振動子に集中する球面波が振動子を励起する電気力の大きさを問題にする．それは，§111 の一般的法則によると，振動子の位置での，振動子が存在しないとしたときの，その波のもつべき電場の強さの z 成分である．したがって，まず振動子を完全になくして，外から内部に向かって進む球面波（271）の経過を考察する．それは球の中心，すなわち座標原点で自らを通過するだろう．さらにその際，波の電磁場は有限で連続である．もともと有限な波が何もない真空中でどこかであるとき無限に大きな場の強さを生ずることは不可能だからである．したがって，波動関数 F に自らを

通過して外に向かって進む球面波をとり入れて，（271）を補うと，

$$F = \frac{1}{r} f\left(-t - \frac{r}{c}\right) + \frac{1}{r} g\left(-t + \frac{r}{c}\right)$$

が得られる．ここで，f は内部に向かって進む波を，g は自らを通過して外に向かって進む波を表わす．$r = 0$ ですべての時刻に F は有限でありつづけねばならないから，

$$f(-t) + g(-t) = 0$$

したがって，

$$F = \frac{1}{r} f\left(-t - \frac{r}{c}\right) - \frac{1}{r} f\left(-t + \frac{r}{c}\right) \qquad (272)$$

この F の値を用いると方程式（145）は振動している振動子によって放出された波の直接的反転とその後の経過を表わす．それは内部に向かって進み振動子をこえて通り過ぎ去っていく．そこでは，一般に振動子を励起する波の場合にそうであるように，無限になること，あるいは不連続になることはない．ここでこの波の振動子の位置での電場の強さの z 成分を計算しよう．r の十分小さな値に対して，

$$f\left(-t - \frac{r}{c}\right) = f(-t) - \frac{r}{c} \dot{f}(-t) + \frac{1}{2} \frac{r^2}{c^2} \ddot{f}(-t)$$
$$- \frac{1}{1 \cdot 2 \cdot 3} \frac{r^3}{c^3} \dddot{f}(-t)$$

$$f\left(-t+\frac{r}{c}\right) = f(-t) + \frac{r}{c}\dot{f}(-t) + \frac{1}{2}\frac{r^2}{c^2}\ddot{f}(-t)$$
$$+ \frac{1}{1\cdot 2\cdot 3}\frac{r^3}{c^3}\dddot{f}(-t)$$

となる．ここで f の導関数 $\dot{f}, \ddot{f}, \dddot{f}$ は，以下でもそうであるが，常に，t についてではなく，変数についてとられるものと考えるべきである．

　これから波動関数 (272) は

$$F = -\frac{2}{c}\dot{f}(-t) - \frac{1}{3}\frac{r^2}{c^3}\dddot{f}(-t)$$

となる．これから，(145) によって位置 $r=0$ での電場の強さの z 成分として，$r^2 = x^2+y^2+z^2$ であるから，

$$\mathfrak{E}_z = \frac{\partial^2 F}{\partial z^2} - \frac{1}{c^2}\frac{\partial^2 F}{\partial t^2} = \frac{4}{3}\frac{1}{c^3}\dddot{f}(-t) \qquad (273)$$

が得られる．

　§ 170　いま，放出された始めの球面波の反転によって生じた内部に向かって進む球面波が振動子を励起する電気力を確立したが，つづいて，振動子が，反転した 1 次波のほかに反転した球面波の影響を受けるときに行なう振動を計算しよう．求める振動を $f'(t)$ で書けば，一般的な振動方程式 (270) に従って，

$$Kf'(t) + L\ddot{f}'(t) - \frac{2}{3c^3}\dddot{f}'(t) = \mathfrak{E}_z(-t) + \frac{4}{3}\frac{1}{c^3}\dddot{f}(-t)$$

$$(274)$$

が成り立たねばならない. 振動を励起するものとしてここでは反転した 1 次波によるものと反転した球面波によるもの(273)を代入せねばならないからである.

方程式(274)は,

$$f'(t) = f(-t) \tag{275}$$

したがって

$$\dot{f}' = -\dot{f}(-t), \quad \ddot{f}'(t) = \ddot{f}(-t), \quad \dddot{f}'(t) = -\dddot{f}(-t)$$

とおくとき, 満足させられる. そのとき(274)から,

$$Kf(-t) + L\ddot{f}(-t) - \frac{2}{3c^3}\dddot{f}(-t) = \mathfrak{E}_z(-t)$$

となり, この方程式は, 方程式(270)がすべての負の t の値のとき, すなわち反転の瞬間, $t=0$ よりも前のすべての時刻で満たされるならば, すべての正の t の値に対して厳密に満たされるからである. このために, 振動子の振動(275)はすべての正の時刻に対して与えられ, あらゆる点からみて直接の振動過程の反転を表わすことが分かる.

§171 さらに, 逆過程で振動子によって放出される波に注目すると, それは(148)に従って, 波動関数

$$\frac{1}{r} f'\left(t - \frac{r}{c}\right) \qquad (276)$$

の外に向かって進む球面波によって表わされる．この波には
上で考察した球の中心を通ってまた外に進む球面波——その
波動関数は(272)に従って，

$$-\frac{1}{r} f\left(-t + \frac{r}{c}\right) \qquad (277)$$

であるが——が重なる．関係(275)によって，2つの波動関
数(276)と(277)の和は零に等しく，したがって，2つの外
に向かって進む球面波は互いに打ち消し合う．そして，考
察した逆過程の場合，振動子から球面波は外に向かって出て
いかないという結論が得られる．

　すべてを要約すると，逆過程というのは，もともとあった
1次波が逆行し，振動子は，新しい波を外に向かって送り出
すことなく，もともと放出した波を再びとり込む——その
際，その振動は正確に逆の順序で繰り返される*1——という
ことにほかならない．

　§172　例として，振動子の振動を起こす1次波が存在し
ない特別な場合をとる．そのときは，振動子の振動は，振動
エネルギーが球面波の形で空間に徐々に放射されるために，
方程式(169)に従って，一定の減衰率をもって減衰する．い
ま，ある時刻にいたるところの放出球面波の磁場と振動子
における電流 f とを突然反転すると，全く逆の過程が起こる．

球面波は振動子にもどり，振動子の振動は一定の増加率をもって増強される．それは前に放射したエネルギーを完全に再び吸収する．その際，何らかのエネルギー量を放射することなしにである．

§ 173 もう1つの極端な例は，はじめ全くエネルギーをもたない($f=0$, $\dot{f}=0$)振動子が周期的平面波によって照射されるときに得られる．この振動子は，§112以下で詳しく研究した定常的過程が生じるまで，徐々に強くなりつづけ共振するだろう．その際，振動子は1次励起波の周期で，多かれ少なかれ位相は異なるが，振動し，同時に，1次波から奪うエネルギーの一定量を空間のすべての方向に放射する（§115）．ここで全過程を突然反転すると，1次波は逆行するであろう．それは振動子を通過するとき以前に振動子に与えたエネルギーを振動子から再び取り返し，そのことによって，たとえ振動子が同時に反転した球面波によりエネルギーを得，その際，もはや放出によってエネルギーを全く失わなくとも，振動子のエネルギーはたえず小さくなり，最後には零となり f も $\dot{f}$ も消えるであろう．したがって，これは，1次波が振動子に入射し全振動エネルギーを完全に奪いとるという場合である．

§ 174 すぐ上の，逆行する電気力学的輻射過程の例から，ここでは熱輻射の法則の妥当性，特にエントロピーの

絶え間ない増大が問題にされていないことが特に明らかにな
る．それゆえ，純粋な電気力学からその法則を導くことは，
電気力学の可能性を制限することになるような内容をもつ
特別な仮定をしないかぎり不可能である，という前の部です
でに導いた結論に再び到達する．しかし，上に述べた熱力学
的観点からは全く理解できない過程は，振動子を励起する波
の特性によってのみ成立するということが直ちに分かる．す
なわち，ある輻射過程の反転の場合，さまざまの方向から振
動子に当たる輻射線は全く特別の仕方で振動子の経歴に依存
し，したがって相互に依存するのである．さまざまの方向か
ら振動子に当たる輻射線が互いに規則的な関係を決して示さ
ないような輻射過程のみを可能なものとして許すならば，こ
のような逆過程は全く起こりえないであろうし，また，輻射
過程の非可逆性は少なくとも始めから除外されていないよ
うに思われる．入射輻射の性質のそのような制限は「自然輻
射」の仮定の中に含まれている．すぐあとの章ではこの仮定
から，実際に熱力学の第 2 主則の有効性が輻射エネルギー
に対しても保証されることが示されるであろう．

第2章　任意の輻射場における
1個の振動子.
自然輻射の仮定

§175　こんどは，第3部第3章におけるのと同じ問題を，振動子を含む真空が，一様な定常輻射ではなく，場所的にも時間的にも任意に変わりうる，すべての可能な方向に空間中を横切る輻射線によって満たされているという一層一般的な仮定のもとに，厳密に取り扱う.

ここでも，時刻 t での線形振動子により表わされる電気的双極子を $f(t)$，真空中を伝播する波によって振動子の位置につくられる電磁場の強さの，振動子の軸方向の成分を $\mathfrak{E}_z(t)$ とするならば，振動子の振動はその（$t=0$ に対する）初期状態と微分方程式(172)とによってきめられる.

始めからすべての考察を，有限の時間間隔——たとえ非常に長く必要とあれば幾年にもいたるほどであっても——，たとえば $t=0$ から $t=T$ までに限る. この時間間隔に対して関数 $\mathfrak{E}_z(t)$ は恐らく次のように書かれよう:

$$\mathfrak{E}_z = \int_0^\infty d\nu \cdot C_\nu \cos(2\pi\nu t - \theta_\nu) \tag{278}$$

ここで C_ν（正）および θ_ν は正の積分変数 ν の一定の関数で

あり，その値は，よく知られているように，上述の時間間隔内での量 $\mathfrak{E}_z$ の振舞いによっては決定されず，そのほかに，時間の関数 $\mathfrak{E}_z$ がその間隔を越えた両側でどのように続くかということにも依存する．したがって，個々の量 C_ν および θ_ν は一定の物理的意味を何らもたず，振動 $\mathfrak{E}_z$ を一定の振幅 C_ν をもった周期振動の連続スペクトルとみなすことは，振動 $\mathfrak{E}_z$ の特性が時間の経過とともに任意に変わりうるということからもすでに分かるように，全く誤りである．振動 $\mathfrak{E}_z$ のスペクトル分解がどのように行なわれるか，それがどのような結果に導くかは，以下の §180 において示されるであろう．

時間間隔 T は非常に長くとる．そうすれば $\nu_0 T$ ばかりでなく $\sigma\nu_0 T$ も大きな数で表わされる．さらに以下では $\sigma\nu_0 t$ とそれとともに $\nu_0 t$ も大きな値をもつような，常に 0 と T の間にある時間 t のみを考察する．このとり決めは次のような利点をもたらす．すなわち，振動子の初期状態（$t = 0$ に対する）は，時刻 t で $e^{-\sigma\nu_0 t}$ の大きさの程度の項でのみ有効になり，したがって状態には何らの目立った影響も及ぼさないから，完全に度外視することができるという利点である．

ここで行なった仮定のもとで，ある励起振動 $\mathfrak{E}_z$ に対して，振動方程式(172)の解は，(174)との比較から容易に確かめられるように，

$$f(t) = \frac{3c^3}{16\pi^3} \int d\nu \cdot \frac{C_\nu}{\nu^3} \cdot \sin\gamma_\nu \cdot \cos(2\pi\nu t - \theta_\nu - \gamma_\nu)$$

$$(279)$$

となる．ここで簡略化のため，

$$\cot\gamma_\nu = \frac{\pi\nu_0(\nu_0^2 - \nu^2)}{\sigma\nu^3} \qquad (280)$$

とおく．

γ_ν を一義的にするために，γ_ν は 0 と π の間にあるものときめておく．

σ が小さいので，ν/ν_0 が 1 に近いとき，すなわちフーリエ積分の添字 ν が振動子の固有振動 ν_0 に近いような項のみが共鳴励起に著しい寄与をするときに限って，$(\sin\gamma_\nu)/\nu^3$ は零と著しくちがってくる．したがって多くの場合，積分量 ν を ν_0 によって置き換えることができる．以下ではしばしばそれを使用するであろう．

§ 176　時間 t の関数としての「励起振動の強度」[*2] J は，t から $t+\tau$ までの時間間隔における $\mathfrak{E}_z^2$ の平均値として定義される．ここで，τ は時間 T に比べてできるだけ短く，しかし依然として時間 $1/\nu_0$，すなわち振動子の固有振動の時間間隔に比べれば長くとる．このとりきめには，一般に J は t にばかりでなく τ にも依存するという，ある不確定さがある．その場合，一般に励起振動の強度を問題にすることはできない．というのは，振動強度の概念にはその量が 1

振動の時間間隔内ではほんのわずかにしか変化しない（上の
§3 をみよ）という仮定が含まれているからである．したがっ
て，今後，上述の条件のもとで t にのみ依存する $\mathfrak{E}_z^2$ の平均
値があるような過程のみを考察する．さらに後に取り上げる
「自然輻射」の場合に限るならば，それは同時にここで必要
と認めた条件を満たすことにもなる．数学的考察においてそ
れを満たすために，次のように仮定しよう：(278) における
量 C_ν は ν_0 に比べて低い ν のすべての値に対して目につか
ないほど小さい．いいかえれば，励起振動 $\mathfrak{E}_z$ には目につく
ほどの振幅をもった長い周期のものは全く含まれない．

　J を計算するために，(278) から $\mathfrak{E}_z^2$ をつくり，この値の
平均値 $\overline{\mathfrak{E}_z^2}$ を，t について t から $t+\tau$ まで積分し τ で割り，
τ を十分小さくして極限移行することによってきめる．ま
ず，

$$\mathfrak{E}_z^2 = \int_0^\infty \int_0^\infty d\nu' d\nu \, C_{\nu'} C_\nu$$
$$\cos(2\pi\nu' t - \theta_{\nu'}) \cos(2\pi\nu t - \theta_\nu)$$

となる．ν と ν' の値を交換しても，積分記号のもとで関数
は変わらない．したがって，

$$\nu' > \nu$$

ときめ，

$$\mathfrak{E}_z^2 = 2 \iint d\nu' d\nu \, C_{\nu'} C_\nu \cos(2\pi\nu' t - \theta_{\nu'}) \cos(2\pi\nu t - \theta_\nu)$$

あるいは,

$$\mathfrak{E}_z^2 = \iint d\nu' d\nu \, C_{\nu'} C_\nu \{\cos[2\pi(\nu' - \nu)t - \theta_{\nu'} + \theta_\nu] + \cos[2\pi(\nu' + \nu)t - \theta_{\nu'} - \theta_\nu]\}$$

と書く. その結果,

$$J = \overline{\mathfrak{E}_z^2} = \frac{1}{\tau} \int_t^{t+\tau} \mathfrak{E}_z^2 dt$$

$$= \iint d\nu' d\nu \, C_{\nu'} C_\nu$$

$$\left\{ \frac{\sin \pi(\nu' - \nu)\tau \cdot \cos[\pi(\nu' - \nu)(2t + \tau) - \theta_{\nu'} + \theta_\nu]}{\pi(\nu' - \nu)\tau} \right.$$

$$\left. + \frac{\sin \pi(\nu' + \nu)\tau \cdot \cos[\pi(\nu' + \nu)(2t + \tau) - \theta_{\nu'} - \theta_\nu]}{\pi(\nu' + \nu)\tau} \right\}$$

上で行なった仮定によると, ν_0 に比べて ν が無視できる ほど低いようなすべての C_ν は目につかないほど小さいの で, 上の表式で ν も, そして ν' も, なおさらのこと ν_0 と 同じかあるいは高いオーダーであるとみなすことができる. いま τ をどんどん短くしていくと, $\nu_0\tau$ は大きいという条 件に従って, 第1の分数の分母 $(\nu' - \nu)\tau$ は τ の減少ととも に任意の有限の値以下に低下しうるが, 第2の分数の分母 $(\nu' + \nu)\tau$ はいずれにせよ大きい. したがって, $\nu' - \nu$ が十 分小さな値のとき積分は,

$$\iint d\nu' d\nu \, C_{\nu'} C_\nu \cos[2\pi(\nu' - \nu)t - \theta_{\nu'} + \theta_\nu]$$

となり, 実際, τ には依存しない. $\nu' - \nu$ が大きな値のとき

に対応する，すなわち時間とともに速く変化するときに対応する．2 重積分の残りの項は一般に τ に依存し，したがって強度 J が τ に依存しないときには消えねばならない．ゆえに，いまの場合，

$$\mu = \nu' - \nu \quad (> 0)$$

を ν' の代りに第 2 の積分変数として用いると，

$$J = \iint d\mu\, d\nu\, C_{\nu+\mu} C_\nu \cos(2\pi\mu t - \theta_{\nu+\mu} + \theta_\nu) \quad (281)$$

または，

$$\left.\begin{aligned}
J &= \int d\mu\, (A_\mu \sin 2\pi\mu t + B_\mu \cos 2\pi\mu t) \\
\text{ここで，} \quad A_\mu &= \int d\nu\, C_{\nu+\mu} C_\nu \sin(\theta_{\nu+\mu} - \theta_\nu) \\
B_\mu &= \int d\nu\, C_{\nu+\mu} C_\nu \cos(\theta_{\nu+\mu} - \theta_\nu)
\end{aligned}\right\}$$

$$(282)$$

これにより，励起振動の強度 J は，一般にこれが存在するとき，時間の関数としてフーリエ積分の形に表わされる．

§ 177　もともと振動の強度 J の概念には，その量が時間 t とともに振動 $\mathfrak{E}_z$ 自身よりもずっとゆるやかに変化するという仮定が含まれている．このことは前節における J の計算から導かれる．なぜなら，そこでは考えている 1 組の C_ν と $C_{\nu'}$ の値のすべてに対して $\nu\tau$ および $\nu'\tau$ は大きく，それに対して $(\nu'-\nu)\tau$ は小さい．したがって，なおさらの

こと

$$\frac{\nu' - \nu}{\nu} = \frac{\mu}{\nu} \quad \text{は小さい} \tag{283}$$

それゆえ，フーリエ積分 $\mathfrak{E}_z (278)$ および $J(282)$ は時間とともに全く異なった仕方で変化する．したがって以下では，時間への依存性に関して異なった仕方で変化する 2 種の量を区別せねばならない．すなわち，$\mathfrak{E}_z$ および微分方程式 (172) によって $\mathfrak{E}_z$ に関係づけられている f のような速く変化する量と，J および振動子のエネルギー U のようなゆるやかに変化する量とである．U の値については以下の節で計算する．しかしながら，上述の量の時間的変化におけるこのちがいは単に相対的なものである．時間についての J の微分商の絶対値は時間の単位の量に依存し，その適当な選択によってどんなに大きくすることもできるからである．したがって，$J(t)$ あるいは $U(t)$ を直ちにゆるやかに変化する t の関数と書くのは正当ではない．以下で簡単のために，この表わし方を用いることがあっても，それは常に相対的な意味で用いている，すなわち，関数 $\mathfrak{E}_z(t)$ あるいは $f(t)$ の異なった振舞いに対して用いるのである．

しかし，位相定数 θ_ν のその添字 ν への依存性に対しては，それは絶対的な意味で必ず速く変化する性質をもつ．なぜなら，たとえ μ が ν に比べて小さくとも，(282) 式の量 A_μ および B_μ が特別な値をもつために差 $\theta_{\nu+\mu} - \theta_\nu$ は一般に小さくない．したがって，$(\partial \theta_\nu / \partial \nu) \cdot \nu$ は大きな数で表わされる

ことになる．このことに，時間単位の変換や時間の出発点の
移動は本質的な影響は何も与えない．

　量 θ_ν および C_ν の ν による速い変化は絶対的な意味で，
きまった振動強度 J が存在するための必要条件である．い
いかえれば，時間に依存する量を速く変化するものとゆるや
かに変化するものとに区分することが可能なための必要条
件である．この区分は別の物理理論においてもしばしばなさ
れ，以下のすべての研究の基礎になるものである．

　§ 178　上で導入した速く変化する量とゆるやかに変化す
る量との区別は，以下では時間へのゆるやかな依存性のみを
直接測定できるものとみなすことになるので，物理的な点か
らみて重要である．それによって，光学や熱輻射において実
際に起こる振舞いにも接近できる．われわれの課題は，もっ
ぱらゆるやかに変化する量だけの間の関係を確立することに
ある．なぜならこれらだけが経験的結果と比較されうるもの
だからである．したがって，まず，ここで考察する最も重要
なゆるやかに変化する量，すなわち振動子のエネルギーの値
と振動子によって放出吸収されるエネルギー量ときめる．

　振動子のエネルギーは，（142）で表わされ，2 つの部分，
すなわち，ポテンシャルエネルギーと運動エネルギーとか
らなる．減衰が小さいためこの 2 種のエネルギーの平均値
は，直接（168）と（279）からも導かれるように，等しく，

$$K\overline{f^2} = L\overline{\left(\frac{df}{dt}\right)^2} \tag{284}$$

であるから,

$$U = K\overline{f^2} \tag{285}$$

とも書くことができる. ここで $\overline{f^2}$ は t から $t+\tau$ までの時間間隔における f^2 の平均値を表わす. この平均値は, §176での $\mathfrak{E}_z^2$ の計算と同じように(279)によって正確に計算される. ただ, ここでは C_ν の代りに $3c^3 C_\nu \sin\gamma_\nu/16\pi^3\nu^3$ を, θ_ν の代りに $\theta_\nu + \gamma_\nu$ をおく. こうして, (168)の K の値を考慮すると(281)に相当する,

$$U = \frac{3c^3}{16\pi^2\sigma} \iint d\mu\, d\nu\, C_{\nu+\mu} C_\nu \frac{\sin\gamma_{\nu+\mu}\sin\gamma_\nu}{\nu^3}$$
$$\times \cos(2\pi\mu t - \theta_{\nu+\mu} + \theta_\nu - \gamma_{\nu+\mu} + \gamma_\nu) \tag{286}$$

が得られる. ここで, μ が ν に比べて小さく, 積分には ν が ν_0 に近いような項のみが著しく考慮される, ということを用いる.

上式の代りに, 以下のように書くこともできる:

$$U = \int d\mu \, (a_\mu \sin 2\pi\mu t + b_\mu \cos 2\pi\mu t)$$

ここで,

$$
\left.
\begin{aligned}
a_\mu &= \frac{3c^3}{16\pi^2\sigma} \int d\nu \, C_{\nu+\mu} C_\nu \frac{\sin\gamma_{\nu+\mu}\sin\gamma_\nu}{\nu^3} \\
&\qquad \sin(\theta_{\nu+\mu} - \theta_\nu + \gamma_{\nu+\mu} - \gamma_\nu) \\
b_\mu &= \frac{3c^3}{16\pi^2\sigma} \int d\nu \, C_{\nu+\mu} C_\nu \frac{\sin\gamma_{\nu+\mu}\sin\gamma_\nu}{\nu^3} \\
&\qquad \cos(\theta_{\nu+\mu} - \theta_\nu + \gamma_{\nu+\mu} - \gamma_\nu)
\end{aligned}
\right\} \quad (287)
$$

C_ν も θ_ν も,そして γ_ν も,(280)から分かるように,絶対的な意味で ν とともに速く変化する.それゆえ,たとえ μ が ν に比べて小さくとも,角 $\gamma_{\nu+\mu}$ を γ_ν にほぼ等しいとおくことはできない.μ が $\sigma\nu_0$ と等しいかあるいはまたそれより大きいようなオーダーのときには,そうはならないからである.

§ 179　振動子によって時間 dt に放出されるエネルギー量は,「ゆるやかに変化する量」として,方程式(151)から,

$$\frac{2}{3c^3}\overline{\ddot{f}^2(t)} \cdot dt$$

または,(279)をつかって,上と同様に平均値をとることによって,

$$= \frac{3c^3 dt}{8\pi^2} \iint d\nu d\mu\, C_{\nu+\mu} C_\nu \frac{\sin\gamma_{\nu+\mu} \sin\gamma_\nu}{\nu^2}$$
$$\cos(2\pi\mu t - \theta_{\nu+\mu} + \theta_\nu - \gamma_{\nu+\mu} + \gamma_\nu)$$

(286)との比較により,

$$= 2\sigma\nu_0 U dt \tag{288}$$

となる.

　時間要素内に振動子によって放出されるエネルギーは,振動子のエネルギーと,その振動数と,その対数減衰率とに比例する.

　振動子によって時間 dt に吸収されるエネルギー量は,「ゆるやかに変化する量」として,(170)から,$\mathfrak{E}_z$ と f に対する既知の表式を用いて $\mathfrak{E}_z(df/dt)$ の平均値をとるか,あるいは,直接エネルギー保存則を用いることによって計算される.この保存則によれば,時間要素 dt 内に振動子によって吸収されるエネルギーはその時間要素内に生じたエネルギーの増加と放出エネルギーとの和,すなわち,

$$\overline{\mathfrak{E}_z \dot{f}} dt = dU + 2\sigma\nu_0 U dt \tag{289}$$

である.

　ここに,U として(287)で与えられた値を代入すると,時間 dt に振動子によって吸収されるエネルギーとして次の値が得られる:

$$dt \cdot \int d\mu \, (a'_\mu \sin 2\pi\mu t + b'_\mu \cos 2\pi\mu t)$$

$$\left. \begin{array}{l} \text{ここで,} \quad a'_\mu = 2\sigma\nu_0 a_\mu - 2\pi\mu b_\mu \\[4pt] \quad\quad\quad b'_\mu = 2\sigma\nu_0 b_\mu + 2\pi\mu a_\mu \end{array} \right\} \tag{290}$$

　これらの量と励起振動の強度との一般的な関係, すなわち, 比 $\mu : \sigma\nu_0$ が任意の大小の値をとれるということが常に固持される場合の関係を与えよう.

　§ 180　これまでわれわれの方程式に現われたエネルギー量のうち, 励起振動の強度 J と振動子のエネルギー U のみが直接測定できるものと考えられる. しかしこれらの間には一般に簡単な関係はない. 振動子のエネルギーは励起振動 $\mathfrak{E}_z$ の強度 J によるばかりでなく, その特性, すなわちこの振動のスペクトル的性質にも依存するからである. ここで, きまった励起振動の性質は, 調べるべき振動をさまざまの共鳴子に作用させ, それぞれの共鳴子がその励起振動の影響のもとでとり入れるエネルギーを測定することによって, さらに追求できることは明らかである. これは音響学において音の分析に用いられるのと全く同じ方法である.

　これに基づいてわれわれは全強度 J に含まれる一定の振動数 ν の強度 $\mathfrak{J}_\nu$ を定義する. すなわち,

$$J = \int_0^\infty \mathfrak{J}_\nu \, d\nu \tag{291}$$

とおき, $\mathfrak{J}_\nu$ を, 振動数 ν の共鳴子が励起振動 $\mathfrak{E}_z$ の影響の

もとでとり入れるエネルギーによって2つの変数 ν と t の「ゆるやかに変化する」関数として定義する．簡単のためにこの共鳴子はこれまでに考察した振動子と同じ性質のものと考える．

しかしまだ，ここに解決すべき重要な点がある．すなわち，振動 $\mathfrak{E}_z$ によって励起される共鳴子のエネルギーはその固有振動に依存するばかりでなくその減衰にも依存するから，強度 $\mathfrak{J}_\nu$ の測定に用いる共鳴子の減衰定数の適切な選択を考慮しなければならない．共鳴子はきまった振動数に著しく敏感で，振動数の有限の間隔にはまったく敏感でないため，その減衰度は小さくなければならない．しかし，他方で，あまり小さくとってはならない．なぜならば，非常に小さな減衰をもつ共鳴子は減衰に非常に長い時間を必要とし，そのような共鳴子は，共鳴子のエネルギーが励起振動の同時刻の性質によるだけでなく同時にその前歴にも依存するであろうから，共振によって，それを励起する一般に時間とともに変化する振動の同時刻の特性を各時刻に与えるという目的を果たさないであろう．共鳴子のエネルギーは，強度 $\mathfrak{J}_\nu$ そのものではなく比較的長い時間にわたってとられたその量の平均値を表わすことになろう．

この事情を考慮するために，励起振動 $\mathfrak{E}_z$ の分析に用いるすべての共鳴子の対数減衰度 ρ を1に比べて小さく選び，しかも $\rho\nu$ はすべての μ に対して大きくなるようにする．このことは，(283) によって μ は ν に比べて小さいから常に可

能である．その場合，分析共鳴子，たとえば振動数 ν_0 をもった共鳴子の状態は，励起振動の同時刻の特性によって完全にきめられる．そして，共鳴子は励起振動のすべての強度変動を瞬間的に提示すると言うことができる．実際，たとえば (290) から σ の代りに ρ とおくと，因子 μ をもった項は因子 $\rho\nu_0$ をもった項に対して消え，それによって共鳴子によって吸収されるエネルギーはその瞬間的エネルギー U に比例する——それは共鳴子の状態が励起振動の同時刻の特性にのみ依存するときにだけ可能であるのだが——，ということが容易に分かる．

　上述の仮定のもとで，励起振動の全強度 J の中に含まれる振動数 ν_0 の強度——それを簡単に $\mathfrak{J}_0$ と書く——は，(286) によって時間の関数として次式によって与えられる：

$$\mathfrak{J}_0 = \kappa_0 \cdot \frac{3c^3}{16\pi^2\rho} \iint d\mu\, d\nu\, C_{\nu+\mu} C_\nu \frac{\sin^2 \delta_\nu}{\nu^3}$$
$$\times \cos(2\pi\mu t - \theta_{\nu+\mu} + \theta_\nu)$$

ここで κ_0 は ν_0 に依存しすぐにきめられる比例因子である．角 δ_ν は，(280) において ρ を σ の代りにおく，したがって，

$$\cot \delta_\nu = \frac{\pi\nu_0(\nu_0^2 - \nu^2)}{\rho\nu^3} \qquad (292)$$

とし，μ が $\rho\nu_0$ に比べて小さいから $\delta_{\nu+\mu} = \delta_\nu$ とおくと，γ_ν から求められる．比例因子 κ_0 は条件 (291) からきめられる．すなわち，この条件を (281) に従って次の形，

$$\iint d\mu d\nu \, C_{\nu+\mu} C_\nu \cos(2\pi\mu t - \theta_{\nu+\mu} + \theta_\nu) = \int_0^\infty \mathfrak{J}_0 d\nu_0$$

に書くと，μ および ν は ν_0 に依存しないからすぐ上で見出した $\mathfrak{J}_0$ に対する表式から，

$$1 = \int_0^\infty d\nu_0 \cdot \frac{3c^3 \kappa_0}{16\pi^2 \rho \nu^3} \cdot \sin^2 \delta_\nu$$

あるいは，(292) に従って，

$$\frac{16\pi^2 \nu^3}{3c^3} = \int_0^\infty d\nu_0 \cdot \frac{\kappa_0}{\rho} \cdot \frac{1}{1 + \pi^2 \dfrac{\nu_0^2 (\nu_0^2 - \nu^2)^2}{\rho^2 \nu^6}}$$

となる.

ここで ρ は 1 に比べて小さいから，積分記号のあとの関数の値として ν_0 が ν に近いときの値のみを考慮すればよい. そして §122 におけるのと全く似た，

$$\frac{16\pi^2 \nu^3}{3c^3} = \int_0^\infty d\nu_0 \cdot \frac{\kappa_0}{\rho} \cdot \frac{1}{1 + \dfrac{4\pi^2 (\nu_0 - \nu)^2}{\rho^2 \nu^2}} = \frac{\kappa \nu}{2}$$

が得られる. このとき κ は $\nu_0 = \nu$ に対する κ_0 の値である. これから

$$\kappa_0 = \frac{32\pi^2 \nu_0^2}{3c^3}$$

となる.

したがって振動数 ν_0 の強度 $\mathfrak{J}_0$ は，

$$\mathfrak{J}_0 = \int d\mu \, (\mathfrak{A}_\mu^0 \sin 2\pi\mu t + \mathfrak{B}_\mu^0 \cos 2\pi\mu t)$$

ここで,

$$\left.\begin{array}{l} \mathfrak{A}_\mu^0 = \dfrac{2\nu_0^2}{\rho} \displaystyle\int d\nu \, C_{\nu+\mu} C_\nu \dfrac{\sin^2 \delta_\nu}{\nu^3} \sin(\theta_{\nu+\mu} - \theta_\nu) \\[4mm] \mathfrak{B}_\mu^0 = \dfrac{2\nu_0^2}{\rho} \displaystyle\int d\nu \, C_{\nu+\mu} C_\nu \dfrac{\sin^2 \delta_\nu}{\nu^3} \cos(\theta_{\nu+\mu} - \theta_\nu) \end{array}\right\}$$

$$(293)$$

　一般に, $\mathfrak{A}_\mu^0$, $\mathfrak{B}_\mu^0$ の値は ρ にも依存するであろう. この場合, 確定的な意味で振動数 ν_0 の強度について言うことはできない. ここで以下のために次の仮定をする：各振動数 ν は, 測定に用いられる量 ρ に無関係な, 時間とともに「ゆるやかに変化する」一定の振動強度 $\mathfrak{J}_\nu$ をもつ. そこで同時に §176 ですでに導入した, 励起振動 $\mathfrak{E}_z$ の全強度

$$J = \int_0^\infty \mathfrak{J}_\nu \, d\nu$$

が存在するという条件も満たされる. これまで熱輻射および光輻射において常におかれてきたこの仮定が, 何ゆえにどの程度まで自然界において正当化されるかという問題には, ここではさらに立ち入らない.

　§181　いま,「速く変化し」, したがって直接測定されない量に属する励起振動 $\mathfrak{E}_z$ を分析して, その各時刻における全強度 J を一連の測定可能な量, すなわち, さまざまの振動数 ν の強度 $\mathfrak{J}_\nu$ に分解するまでになった. $\mathfrak{E}_z$ から「ゆる

やかに変化する」性質を導出するさらに進んだ方法はない.
したがって,これで分析方法について議論は尽される.しか
しながら,これによって速く変化する振動 $\mathfrak{E}_z$ について分か
ったことは,そこに含まれる性質の多様性を考えると極めて
わずかでしかない.関数 C_ν および θ_ν 自身も,その ν への
依存性についてはある広い範囲内でまったく未知のままであ
る.

　ここで,さしあたり,時間 t のゆるやかに変化する関数で
ある振動数 ν_0 の強度 $\mathfrak{J}_0$ を測定することにより,速く変化
する量 C_ν および θ_ν について知られることをまとめておこ
う.(293)において,量 $\mathfrak{A}_\mu^0$, $\mathfrak{B}_\mu^0$ はすべての μ の値に対し
て測定可能なものと考えられる.ここで

$$\left.\begin{array}{l} C_{\nu+\mu}C_\nu \sin(\theta_{\nu+\mu}-\theta_\nu) = \mathfrak{A}_\mu^0 + \xi \\[4pt] C_{\nu+\mu}C_\nu \cos(\theta_{\nu+\mu}-\theta_\nu) = \mathfrak{B}_\mu^0 + \eta \end{array}\right\} \tag{294}$$

とおく.ξ および η は ν および μ の速く変化する関数であ
る.そうすると(293)から,

$$\mathfrak{A}_\mu^0 = \mathfrak{A}_\mu^0 \cdot \frac{2\nu_0^2}{\rho} \cdot \int d\nu \frac{\sin^2 \delta_\nu}{\nu^3} + \frac{2\nu_0^2}{\rho} \int \xi \frac{\sin^2 \delta_\nu}{\nu^3} d\nu$$

となる.ここで(292)を考慮すると,

$$\frac{2\nu_0^2}{\rho} \int \frac{\sin^2 \delta_\nu}{\nu^3} d\nu = 1$$

したがって,

$$\int \xi \frac{\sin^2 \delta_\nu}{\nu^3} d\nu = 0$$

同様に,

$$\int \eta \frac{\sin^2 \delta_\nu}{\nu^3} d\nu = 0$$

$(\sin \delta_\nu)/\nu$ は, ν_0 に対する比が 1 に近くないようなすべての ν の値に対して微小であるから, (294) における量 $\mathfrak{A}_\mu^0$ は速く変化する量 $C_{\nu+\mu} C_\nu \sin(\theta_{\nu+\mu} - \theta_\nu)$ の, ν_0 に近い ν に対する, ゆるやかに変化する平均値を表わし, 同様に, $\mathfrak{B}_\mu^0$ は速く変化する量 $C_{\nu+\mu} C_\nu \cos(\theta_{\nu+\mu} - \theta_\nu)$ の平均値を表わす[*3].

　ここで振動数 ν_0, 減衰度 σ の振動子の研究にもどると, 励起振動 $\mathfrak{E}_z$ が振動子へ及ぼす影響を計算するためには一般に平均値 $\mathfrak{A}_\mu^0$, $\mathfrak{B}_\mu^0$ についての知識では十分でなく, それに加えて量 C_ν および θ_ν 自身を知る必要があるということが, 直ちに分かる. 実際, (287) で導かれる振動子のエネルギー U の表式から, これらは, $C_{\nu+\mu} C_\nu \sin(\theta_{\nu+\mu} - \theta_\nu)$ および $C_{\nu+\mu} C_\nu \cos(\theta_{\nu+\mu} - \theta_\nu)$ の値を $\nu : \nu_0$ が 1 に近い ν のそれぞれの値について与えることができてはじめて正確に計算されることが分かる. 言いかえれば, 励起振動に含まれる振動数 ν_0 の強度 $\mathfrak{J}_0$ は, たとえそれがあらゆる時刻について知られていても, 一般に, その振動に当たった振動子のエネルギー U を決定しない.

　したがって, 量 U および $\mathfrak{J}_0$ の間の一般的関係を確立す

ることを断念する——しかしこれはすべての経験的結果に逆
行することになろうが——か，あるいは新しい仮説を導入し
てそこに存在する亀裂の橋渡しをするか以外になすすべは残
らない．物理的な事実は第2の方に決定する．

　その仮説は，いま最も手近かで，おそらく唯一の可能なも
のとして導入され，以下のいたる所で保持されることになる
ものである．方程式(287)から U を計算するに際して，係
数 a_μ および b_μ の値を与える積分において，速く変化する
量 $C_{\nu+\mu} C_\nu \sin(\theta_{\nu+\mu} - \theta_\nu)$ および $C_{\nu+\mu} C_\nu \cos(\theta_{\nu+\mu} - \theta_\nu)$
——これらはこの積分に現われる C_ν と θ_ν に依存する唯一
の量である——の代りにゆるやかに変化するそれらの平均値
$\mathfrak{A}_\mu^0$ および $\mathfrak{B}_\mu^0$ をおいても著しく誤ることはないという仮定
である．それによって，$\mathfrak{J}_0$ から U を計算するという課題は
測定によって確かめられる完全にきまった解を得る．しか
し，ここで導かれる法則はすべての種類の振動についてでは
なく，ある特殊の場合にのみ有効であるということを表わす
ために，ここで導入された仮説に適合するような種類の輻射
を「自然」輻射とよぶ．このよび名は，次章で示すように，
熱輻射の性質がまさにそのように特徴づけられた輻射に帰属
するので，当を得たものである．

　自然輻射の概念は，測定不可能なほど速く変化する量
$C_{\nu+\mu} C_\nu \sin(\theta_{\nu+\mu} - \theta_\nu)$ などの，測定可能なゆるやかに変
化する平均値 $\mathfrak{A}_\mu^0$ などからのずれが，全く不規則であって
「要素的無秩序」(§132)に対応すると理解することもでき，

上で行なったよりも直接的ではなくなるがもっと明白になる.

§ 182　前節で導入された仮説に従って，方程式(287)から

$$
a_\mu = \frac{3c^3}{16\pi^2\sigma} \int d\nu \frac{\sin\gamma_{\nu+\mu} \sin\gamma_\nu}{\nu^3}
$$
$$
\cdot (\mathfrak{A}_\mu^0 \cos(\gamma_{\nu+\mu} - \gamma_\nu) + \mathfrak{B}_\mu^0 \sin(\gamma_{\nu+\mu} - \gamma_\nu))
$$
$$
b_\mu = \frac{3c^3}{16\pi^2\sigma} \int d\nu \frac{\sin\gamma_{\nu+\mu} \sin\gamma_\nu}{\nu^3}
$$
$$
\cdot (\mathfrak{B}_\mu^0 \cos(\gamma_{\nu+\mu} - \gamma_\nu) - \mathfrak{A}_\mu^0 \sin(\gamma_{\nu+\mu} - \gamma_\nu))
$$

あるいは，

$$
a_\mu = \frac{3c^3}{16\pi^2\sigma} (\mathfrak{A}_\mu^0 \alpha + \mathfrak{B}_\mu^0 \beta)
$$
$$
b_\mu = \frac{3c^3}{16\pi^2\sigma} (\mathfrak{B}_\mu^0 \alpha - \mathfrak{A}_\mu^0 \beta)
$$

ここで，

$$
\alpha = \int_0^\infty d\nu \frac{\sin\gamma_{\nu+\mu} \sin\gamma_\nu}{\nu^3} \cos(\gamma_{\nu+\mu} - \gamma_\nu)
$$
$$
\beta = \int_0^\infty d\nu \frac{\sin\gamma_{\nu+\mu} \sin\gamma_\nu}{\nu^3} \sin(\gamma_{\nu+\mu} - \gamma_\nu)
$$

となる.

ここで(280)において与えられる $\cot\gamma_\nu$ および $\cot\gamma_{\nu+\mu}$

の値を考慮し，σ が小さく μ が一般に $\sigma \nu_0$ と同じオーダーであるということを考えて，初等的な計算をすることによって，

$$\alpha = \frac{\sigma}{2\nu_0^2} \cdot \frac{1}{1 + \dfrac{\pi^2 \mu^2}{\sigma^2 \nu_0^2}}$$

$$\beta = \frac{\pi \mu}{2\nu_0^3} \cdot \frac{1}{1 + \dfrac{\pi^2 \mu^2}{\sigma^2 \nu_0^2}}$$

が得られる．したがって，これから a_μ, b_μ を計算し，そうして得られる値を(290)に代入すると，

$$a'_\mu = \frac{3c^3 \sigma}{16\pi^2 \nu_0} \mathfrak{A}^0_\mu$$

$$b'_\mu = \frac{3c^3 \sigma}{16\pi^2 \nu_0} \mathfrak{B}^0_\mu$$

したがって，時間 dt に振動子によって吸収されるエネルギーは，(290)によって，

$$dt \cdot \frac{3c^3 \sigma}{16\pi^2 \nu_0} \cdot \int d\mu \, (\mathfrak{A}^0_\mu \sin 2\pi\mu t + \mathfrak{B}^0_\mu \cos 2\pi\mu t)$$

あるいは，(293)により，

$$= dt \cdot \frac{3c^3 \sigma}{16\pi^2 \nu_0} \cdot \mathfrak{J}_0 \tag{295}$$

となる．ある時間要素内に振動子によって吸収されるエネルギーは，励起振動に含まれるその固有周期の強度と，さらに

その対数減衰度と，光速度の **3** 乗とに比例し，振動数に反比例する．

自然輻射の場合には常に正のエネルギーが吸収されるが，これは一般には，すでに §111 でなされた注意によって強調されたように，そうである必要はない．

吸収エネルギーの値を (289) に代入することにより，結局，ここで展開された理論の基礎方程式として，

$$dt \cdot \frac{3c^3\sigma}{16\pi^2\nu_0} \cdot \mathfrak{J}_0 = dU + 2\sigma\nu_0 U dt$$

あるいは，

$$\frac{dU}{dt} + 2\sigma\nu_0 U = \frac{3c^3\sigma}{16\pi^2\nu_0}\mathfrak{J}_0 \tag{296}$$

が得られる．この微分方程式は，振動子の振動数 ν_0 に対応する励起振動の強度 $\mathfrak{J}_0$ が時間の関数として与えられるとき，振動子のエネルギー U の計算に用いることができる．関数 $U(t)$ および $\mathfrak{J}_0(t)$ はもはやフーリエ積分によって表わされる必要はないから，今後，前に §175 で導入した問題にする時間間隔についての制限をとりはらうことができ，これと次の方程式をすべての正および負の時間について成り立つものとみなすことができる．

微分方程式 (296) の一般解は，

$$U = \frac{3c^3\sigma}{16\pi^2\nu_0} \int_{-\infty}^{t} \mathfrak{J}_0(x)e^{2\sigma\nu_0(x-t)}dx$$

$\mathfrak{J}_0$ が一定のとき

$$U = \frac{3c^3}{16\pi^2 \nu_0^2} \Im_0$$

一定の照射の場合，振動子のエネルギーは，励起振動に含まれる振動子の振動数の強度と，光速度の 3 乗とに比例し，振動数の 2 乗に反比例するが，減衰度には依存しない．

振動子のエネルギーが励起振動の強度にどう依存するかを確立したので，次の課題は励起振動の強度をまわりの場に生ずるエネルギー輻射と関係づけることであろう．それは次章で既知の方法に従って行なわれ，エネルギーとエントロピーの法則の定式化に導く．

第 3 章　エネルギー保存と
エントロピー増大

§ 183　いま，振動子をとり囲む電磁場における過程の研究に移るにあたって，以下ではいたる所で前章で導いた結果を用いるであろう．もちろん，その際，いたる所で常に自然輻射の条件が満たされているという仮定をおく．したがって，もはや今後，振幅や位相を考慮する必要はなく，その代り，強度，エネルギーといった「ゆるやかに変化する」（§177 の意味で）量を考慮すればよい．この意味で，以下に用いる空間要素や時間要素を，考えている時間，空間の大き

さに比べて無限に小さいが，考えている振動時間や波長に比
べれば大きい量と理解せねばならない．輻射を満たした真空
の壁は静止した完全反射面で，その曲率半径は考えにいれる
すべての波長に比べて長い（§2）と考える．

　そこで，輻射を満たした真空とその中に互いに適当な距離
で存在する，いくつかの振動子の全エネルギー U_t は次の形
である：

$$U_t = \sum U + \int u d\tau \qquad (297)$$

ここで，U は個々の振動子のエネルギー，$\sum$ はすべての振
動子についての和，u はこの真空の空間要素 $d\tau$ 内の輻射エ
ネルギー密度である．振動子は微小な空間しか占めないか
ら，積分は振動子によって占められる空間にわたってなされ
ても，そうでなくてもどちらでもよい．

　真空の 1 点における電磁エネルギーの空間密度 u は，

$$u = \frac{1}{8\pi}(\overline{\mathfrak{E}_x^2} + \overline{\mathfrak{E}_y^2} + \overline{\mathfrak{E}_z^2} + \overline{\mathfrak{H}_x^2} + \overline{\mathfrak{H}_y^2} + \overline{\mathfrak{H}_z^2})$$

である．ここで $\mathfrak{E}_x^2, \mathfrak{E}_y^2, \mathfrak{E}_z^2, \mathfrak{H}_x^2, \mathfrak{H}_y^2, \mathfrak{H}_z^2$ は場の強さの 2 乗
であり，「ゆるやかに変化する」量（§177）と考えられる．し
たがって平均値を意味する横棒を付けている．各輻射線につ
いて電気的平均エネルギーおよび磁気的平均エネルギーは等
しいから，常に，

$$u = \frac{1}{4\pi}(\overline{\mathfrak{E}_x^2} + \overline{\mathfrak{E}_y^2} + \overline{\mathfrak{E}_z^2}) \qquad (298)$$

と書ける.

ここで，1個の振動子を励起する振動の強度 $J = \overline{\mathfrak{E}_z^2}$ (§176)を，あらゆる方向から振動子に当たる熱輻射線の強度から計算しよう.

そのために，振動子に当たる単色輻射線の偏光を考慮に入れねばならない. そこで，まず，振動子に当たる，振動子に頂点をもち(5)によって与えられる開口 $d\Omega$——ここで極角 θ および φ は輻射線の伝播方向を表わす——の要素円錐内の輻射線ビームに注目し，その輻射線ビーム全体を一連の単色ビームに分ける. それらのうちの1つは強度の主値 $\mathfrak{K}$ および $\mathfrak{K}'$ (§17)をもつとする. いま，主強度 $\mathfrak{K}$ に属する偏光面が輻射線方向と z 軸(振動子の軸)を通る平面となす角を，それが何象限にあろうと，ω と書くと，(8)に従って，単色ビームの比強度は2つの互いに直角の直線偏光成分，

$$\mathfrak{K}\cos^2\omega + \mathfrak{K}'\sin^2\omega$$

$$\mathfrak{K}\sin^2\omega + \mathfrak{K}'\cos^2\omega$$

に分けられる. このうちの第1の成分は，z 軸を通る面内に偏光している. $\omega = 0$ に対してそれが $\mathfrak{K}$ に等しくなるからである. 直線偏光した輻射線の電場の強さは偏光面に垂直なので，この成分は，振動子における $\overline{\mathfrak{E}_z^2}$ の値には何の寄与もしない. したがって，第2の成分のみが残り，その電場の強さは z 軸と角 $(\pi/2)-\theta$ をなす. ここでポインティングの定理によると，真空中での直線偏光した輻射線の強度は電

場の強さの 2 乗の平均に $c/4\pi$ を掛けたものに等しい. ゆえに, ここで考察している輻射線ビームの電場の強さの 2 乗平均は,

$$\frac{4\pi}{c}(\Re\sin^2\omega + \Re'\cos^2\omega)d\nu d\Omega$$

この z 軸方向の成分の 2 乗平均は,

$$\frac{4\pi}{c}(\Re\sin^2\omega + \Re'\cos^2\omega)\sin^2\theta\, d\nu d\Omega \qquad (299)$$

すべての振動数とすべての開口角についての積分によって, 求める値

$$\overline{\mathfrak{E}_z^2} = \frac{4\pi}{c}\int\sin^2\theta\, d\Omega\int d\nu\,(\Re_\nu\sin^2\omega_\nu + \Re'_\nu\cos^2\omega_\nu)$$
$$= J \qquad (300)$$

が得られる. とくに, すべての輻射線が偏光しておらず, 輻射強度があらゆる方向で一定であるならば, $\Re_\nu = \Re'_\nu$. そして,

$$\int\sin^2\theta\, d\Omega = \iint\sin^3\theta\, d\theta d\varphi = \frac{8\pi}{3}$$

であるから,

$$\overline{\mathfrak{E}_z^2} = \frac{32\pi^2}{3c}\int\Re_\nu d\nu = \overline{\mathfrak{E}_x^2} = \overline{\mathfrak{E}_y^2}$$

これを (298) に代入することにより,

$$u = \frac{8\pi}{c} \int \mathfrak{K}_\nu \, d\nu$$

となり，これは(22)および(24)に一致する．

ここで §180 に従って強度 J のスペクトル分解，

$$J = \int \mathfrak{J}_\nu \, d\nu$$

を行なうと，(300)との比較によって，励起振動に含まれる一定の振動数 ν の強度として，次の値，

$$\mathfrak{J}_\nu = \frac{4\pi}{c} \int \sin^2 \theta \, d\Omega \, (\mathfrak{K}_\nu \sin^2 \omega_\nu + \mathfrak{K}'_\nu \cos^2 \omega_\nu) \tag{301}$$

が得られる．

いま $\mathfrak{J}$ と振動子のエネルギー U とは方程式(296)によって関係づけられるから，これによって，あらゆる時刻について振動子に当たるすべての輻射線の強度と偏光が知られれば，振動子の振動を計算する可能性が与えられる．とくに，偏光していない，すべての方向に一様な輻射に対しては，

$$\mathfrak{J} = \frac{32\pi^2}{3c} \mathfrak{K}$$

(296)によって，

$$\frac{dU}{dt} + 2\sigma\nu U = \frac{2c^2\sigma}{\nu} \mathfrak{K}$$

となる．添字 0 はこれから省略してよいだろう．さらに，輻射が時間に依存しない，あるいは，輻射状態が「定常的」で

あるならば，U も時間に依存せず，

$$U = \frac{c^2}{\nu^2} \mathfrak{K} \tag{302}$$

となり，方程式 (193) と一致する．

§ 184　時間 dt に振動子によって吸収される全エネルギーは (295) から，

$$dt \cdot \frac{3c^3\sigma}{16\pi^2\nu} \cdot \mathfrak{J}$$

あるいは，(301) から，

$$dt \cdot \frac{3c^2\sigma}{4\pi\nu} \int \sin^2\theta\, d\Omega\, (\mathfrak{K}\sin^2\omega + \mathfrak{K}'\cos^2\omega)$$

となる．したがって，振動子に (θ, φ) 方向に当たる輻射から時間 dt にエネルギー量，

$$dt \cdot \frac{3c^2\sigma}{4\pi\nu}(\mathfrak{K}\sin^2\omega + \mathfrak{K}'\cos^2\omega)\sin^2\theta\, d\Omega$$

が吸収される．

ここで，振動子に (θ, φ) 方向に当たる輻射の比強度は，その輻射が吸収されうるものである限り，すなわち，振動子に対応する振動数と偏光をもつかぎり，(299) によって，ここでは因子 $(4\pi/c)d\nu d\Omega$ が省かれるから，

$$(\mathfrak{K}\sin^2\omega + \mathfrak{K}'\cos^2\omega)\sin^2\theta \tag{303}$$

となる．

これから次の定理が得られる：振動子によって時間 dt に吸収されるエネルギーの絶対量は，ある方向 (θ, φ) に振動子に当たる吸収されうる輻射の比強度に

$$dt \cdot \frac{3c^2\sigma}{4\pi\nu} \cdot d\Omega \qquad (304)$$

を掛け，それをすべての方向 (θ, φ) について積分すると得られる．因子 $3c^2\sigma/4\pi\nu$ は振動子によってさえぎられる輻射線ビームの幅をきめる．これが，振動子の位置でのこれらのビームの断面とそのスペクトル幅との積を表わす尺度を与えるからである．

他方，振動子によって時間 dt にあらゆる方向に放出されるエネルギーは，(288)によって，

$$dt \cdot 2\sigma\nu U$$

あるいは，同じことなのだが，

$$dt \cdot \frac{3\sigma\nu}{4\pi} U \cdot \int \sin^2\theta \, d\Omega$$

となる．

ここで，振動子によって (θ, φ) 方向に放出される輻射の強度は，(150)に従って φ には依存せず $\sin^2\theta$ に比例するので，時間 dt にこの方向に放出されるエネルギーは，

$$dt \cdot \frac{3\sigma\nu}{4\pi} U \sin^2\theta \, d\Omega$$

振動子によって同じ方向に放出される輻射の比強度は，

(304)で割ることによって，

$$\frac{\nu^2 U \sin^2 \theta}{c^2} \tag{305}$$

となる．

　前節の終りに考察した「定常的」輻射状態に対して，

$$\mathfrak{K} = \mathfrak{K}' \quad \text{および} \quad U = \frac{c^2}{\nu^2}\mathfrak{K}$$

である．したがって，定常的輻射状態において，ある任意の
方向に振動子に当たる吸収されうる輻射の比強度(303)は，
同じ方向に振動子によって放出される輻射の比強度(305)
に，当然のことであるが，等しいということが分かる．

　§ 185　以下の推論の準備として，ここで，振動子を通過
するさまざまの輻射線ビームの性質をさらに詳しく注目しよ
う．あらゆる方向から振動子に当たる輻射線のうち，(θ, φ)
方向に振動子に向かってくる，振動子に頂点をもつ要素円
錐 $d\Omega$ 内のものを再び考察すると，それらはさらに単色成分
に分解されるものと考えられる．そして，それらの成分のう
ち振動子の振動数 ν に対応するもののみに注目すればよい．
なぜなら，それ以外のすべての輻射線は，振動子に影響を及
ぼさずに，また振動子によって影響を受けずにただ通りすぎ
るだけだからである．振動数 ν の単色輻射線の比強度は，

$$\mathfrak{K} + \mathfrak{K}'$$

である．このとき $\mathfrak{K}$ および $\mathfrak{K}'$ は主強度を表わす．この輻射
線はその主偏光面の方向に従って 2 つの成分(8)に分解され
る．

　1 つの成分，

$$\mathfrak{K}\cos^2\omega + \mathfrak{K}'\sin^2\omega$$

は，まさしく振動子を通過し，何ら変化せずに他方に再
び出ていく．したがってそれは，振動子から開口 $d\Omega$ 内の
(θ, φ) 方向に出ていく直線偏光した輻射線を与える．そして
この輻射線の偏光面は振動子の軸を通っており，強度は

$$\mathfrak{K}\cos^2\omega + \mathfrak{K}'\sin^2\omega = \mathfrak{K}'' \tag{306}$$

となる．前の成分に垂直なもう一方の偏光成分，

$$\mathfrak{K}\sin^2\omega + \mathfrak{K}'\cos^2\omega$$

は，さらに 2 つの部分，

$$(\mathfrak{K}\sin^2\omega + \mathfrak{K}'\cos^2\omega)\cos^2\theta$$

および

$$(\mathfrak{K}\sin^2\omega + \mathfrak{K}'\cos^2\omega)\sin^2\theta$$

に分解される．このうち第 1 のものは変化を受けずに振動
子を通り過ぎるが，第 2 のものは吸収される．しかしその
代り，振動子から出ていく輻射の中に，放出輻射線の強度

(305),

$$\frac{\nu^2 U \sin^2 \theta}{c^2}$$

が現われる．これは，第 1 の変化を受けない部分とあわせると，振動子から開口角 $d\Omega$ 内の (θ, φ) 方向に出ていく (306)に垂直に偏光した輻射線の全強度

$$(\mathfrak{K} \sin^2 \omega + \mathfrak{K}' \cos^2 \omega) \cos^2 \theta + \frac{\nu^2 U}{c^2} \sin^2 \theta = \mathfrak{K}'''$$

(307)

を与える．

　したがって，結局，全体で $d\Omega$ 内の (θ, φ) 方向に振動子から出ていく，2 つの互いに垂直に偏光した成分からなる輻射線が得られる．その 1 つの偏光面は振動子の軸を通り，その主強度は $\mathfrak{K}''$ および $\mathfrak{K}'''$ という値をとる．

　§ 186　ここで，そこで起こる局所的なエネルギー変化に基づいて系の全エネルギーの保存を説明することは容易である．

　場の中に振動子が 1 つも存在しないとき，無限に多くの要素輻射線ビームはそれぞれ，直進するときも，平らで完全に反射するものと仮定される場の境界面での反射のときも，その比強度とエネルギーを変えない．

　それに対してどの振動子も，一般に，それに当たる輻射線ビームに変化をひき起こす．上で考察した振動子が時間 dt

にそのまわりの場にひき起こす全エネルギー変化を計算しよう. その際, 振動子の振動数 ν に対応する単色輻射線のみを考慮すればよい. それ以外は振動子によって全く変化を受けないからである.

何らかの仕方で偏光し主強度 $\Re$ および $\Re'$ の和で与えられる強度をもつ輻射線ビームが入射し, 振動子に要素円錐 $d\Omega$ 内の, (θ, φ) 方向に当たるとする. この輻射線ビームは, 表式(304)の意味するところに従って, 時間 dt にエネルギー

$$(\Re + \Re')dt \cdot \frac{3c^2\sigma}{4\pi\nu} \cdot d\Omega$$

を振動子に与えるから, 入射輻射線の側ではこのエネルギー量が場からうばわれる. それに対して, 他方の側で同じ (θ, φ) 方向に, 一定の仕方で偏光し主強度 $\Re''$ および $\Re'''$ の和によって与えられる強度をもつ輻射線ビームが振動子から出ていく. これによって, まわりの場に, 時間 dt にエネルギー量

$$(\Re'' + \Re''')dt \cdot \frac{3c^2\sigma}{4\pi\nu} d\Omega$$

が供給される.

したがって全体として, 時間 dt に生ずる振動子のまわりの場のエネルギー変化は, すぐ上の表式からその上の表式を引き $d\Omega$ について積分することにより,

$$dt \cdot \frac{3c^2\sigma}{4\pi\nu} \int d\Omega \, (\Re'' + \Re''' - \Re - \Re')$$

となる. これに, 同じ時間に生ずる振動子のエネルギー変化

$$dt \cdot \frac{dU}{dt}$$

を考えると, エネルギー保存原理から, 上の 2 つの表式の
和が 0, すなわち,

$$\frac{dU}{dt} + \frac{3c^2\sigma}{4\pi\nu} \int d\Omega \, (\mathfrak{K}'' + \mathfrak{K}''' - \mathfrak{K} - \mathfrak{K}') = 0 \quad (308)$$

でなければならない. これは, (306)と(307)により,

$$\mathfrak{K}'' + \mathfrak{K}''' - \mathfrak{K} - \mathfrak{K}' = \left(\frac{\nu^2 U}{c^2} - \mathfrak{K}\sin^2\omega - \mathfrak{K}'\cos^2\omega \right) \sin^2\theta$$

であることを考慮すれば, 事実上, 2 つの方程式(296)およ
び(301)の内容である.

§ 187　いま, (297)の全エネルギー U_t に対応して, 考
えている系の全エントロピー,

$$S_t = \sum S + \int s d\tau \qquad (309)$$

をつくる. 和 $\sum$ はここでもすべての振動子についてとら
れ, 積分は輻射場の全空間要素 $d\tau$ についてとられる. 1 個
の振動子のエントロピー S は(227)によって U の関数とし
て与えられ, 場の 1 点における空間エントロピー密度 s は,
すべての輻射の主強度 $\mathfrak{K}$ および $\mathfrak{K}'$ の関数として, (129)に
(229)を結びつけて(131)によって与えられる.

　ここで, 考えている系の全エントロピー S_t が時間要素 dt

内にうける変化を計算しよう．その際，前節で系のエネルギーについてなされた類似の計算に厳密に沿って行なう．

　振動子が１つも存在しないとき，真空中に存在する無限に多くの輻射線ビームのそれぞれは，直進する場合，その比強度と同様にエントロピーも変えない．また，平らで完全に反射すると仮定される場の境界面での反射の際にも変えない．したがって，自由場中の輻射過程によって系のエントロピー変化はひき起こされない（§162 を参照）．これに対して，どんな振動子でも一般にそれに当たる輻射線ビームのエントロピー変化をひき起こす．上で考察した振動子が時間 dt にそのまわりの場にひき起こす全エントロピー変化を計算しよう．その際，振動子の振動数 ν に対応する単色輻射線のみを考慮すればよい．それ以外のものは振動子によって全く変えられないからである．

　振動子に，(θ, φ) 方向に，要素円錐 $d\Omega$ 内の何らかの仕方で偏光した輻射線ビームが当たるとする．そのビームのエネルギー輻射は主強度 $\Re$ および $\Re'$ をもち，したがってそのエントロピー輻射は強度 $\mathfrak{L} + \mathfrak{L}'$（§98）をもつ．この輻射線ビームは，表式(304)の意味するところに従って，時間 dt に，エントロピー

$$(\mathfrak{L} + \mathfrak{L}') \cdot dt \cdot \frac{3c^2\sigma}{4\pi\nu} \cdot d\Omega$$

を振動子に与える．これによって，入射輻射線の側でこのエントロピー量が場からうばいとられる．他の側では振動

子から同じ (θ, φ) 方向に一定の仕方で偏光した輻射線ビームが出ていく．そのエネルギー輻射は主強度 $\mathfrak{K}''$ および $\mathfrak{K}'''$ をもち，したがってそのエントロピー輻射は対応する強度 $\mathfrak{L}'' + \mathfrak{L}'''$ をもつ．これによってまわりの場に時間 dt にエントロピー

$$(\mathfrak{L}'' + \mathfrak{L}''')dt \cdot \frac{3c^2\sigma}{4\pi\nu} \cdot d\Omega$$

が供給される．したがって，全体として，時間 dt に起こる振動子のまわりの場のエントロピー変化は，すぐ上の表式からその上の表式を引き $d\Omega$ について積分することにより，

$$dt \cdot \frac{3c^2\sigma}{4\pi\nu} \cdot \int d\Omega \left(\mathfrak{L}'' + \mathfrak{L}''' - \mathfrak{L} - \mathfrak{L}'\right) \tag{310}$$

となる．

　これに，同じ時間に生ずる振動子のエントロピー変化，

$$\frac{dS}{dt} \cdot dt = \frac{dS}{dU} \cdot \frac{dU}{dt} \cdot dt$$

を考慮すると，(310)にこれを加え，すべての振動子についての和をとることによって，求める系の全エントロピー変化，

$$\frac{dS_t}{dt} \cdot dt = dt \cdot \sum \left[\frac{3c^2\sigma}{4\pi\nu} \int d\Omega \left(\mathfrak{L}'' + \mathfrak{L}''' - \mathfrak{L} - \mathfrak{L}'\right) \right.$$
$$\left. + \frac{dS}{dU} \cdot \frac{dU}{dt} \right] \tag{311}$$

が得られる．

　ここで，さらに，$\sum$ 記号のあとの表式が極限の場合の零を含めて常に正であることを証明しよう．この目的のために，dU/dt として，（308）で与えられる値をおくと，

$$\frac{dS_t}{dt} = \sum \frac{3c^2\sigma}{4\pi\nu} \int d\Omega \left(\mathfrak{L}'' - \mathfrak{K}'' \frac{dS}{dU} + \mathfrak{L}''' - \mathfrak{K}''' \frac{dS}{dU} \right.$$
$$\left. - \mathfrak{L} + \mathfrak{K} \frac{dS}{dU} - \mathfrak{L}' + \mathfrak{K}' \frac{dS}{dU} \right)$$

が得られる．

　ここで，かっこ内の表式が，正の量 U, $\mathfrak{K}$, $\mathfrak{K}'$, θ, ω のすべての任意の値に対して正であるということを示しさえすればよい．ただし，ここで方程式（306）によって

$$\mathfrak{K}'' = \mathfrak{K}\cos^2\omega + \mathfrak{K}'\sin^2\omega \qquad (312)$$

方程式（307）によって

$$\mathfrak{K}''' = (\mathfrak{K}\sin^2\omega + \mathfrak{K}'\cos^2\omega)\cos^2\theta + \frac{\nu^2 U}{c^2}\sin^2\theta$$

　簡単のために，正の量

$$\mathfrak{K}\sin^2\omega + \mathfrak{K}'\cos^2\omega = \mathfrak{K} + \mathfrak{K}' - \mathfrak{K}'' = \mathfrak{K}'''_0 \qquad (313)$$

とおくと，これによって，

$$\mathfrak{K}''' = \mathfrak{K}'''_0\cos^2\theta + \frac{\nu^2 U}{c^2}\sin^2\theta \qquad (314)$$

　まず，U, したがってまた dS/dU を一定と考え，それに対して $\mathfrak{K}'''$, したがって $\mathfrak{L}'''$ を変数と考えて，次の項

$$\mathfrak{L}''' - \mathfrak{K}''' \frac{dS}{dU} = f(\mathfrak{K}''')$$

に注目しよう．(229)および(227)を考慮すると，

$$\frac{df}{d\mathfrak{K}'''} = \frac{d\mathfrak{L}'''}{d\mathfrak{K}'''} - \frac{dS}{dU}$$

$$= \frac{k}{h\nu} \log \left(\frac{h\nu^3}{c^2 \mathfrak{K}'''} + 1 \right) - \frac{k}{h\nu} \log \left(\frac{h\nu}{U} + 1 \right)$$

$$\frac{d^2 f}{d\mathfrak{K}'''^2} = -\frac{k}{h\nu \mathfrak{K}'''} \cdot \frac{1}{1 + \dfrac{c^2 \mathfrak{K}'''}{h\nu^3}} < 0$$

となる．これから，関数 $f(\mathfrak{K}''')$ は $\mathfrak{K}''' = (\nu^2/c^2)U$ に対してただ1つの最大値をもつということが結論される．

さて，(314)によって $\mathfrak{K}'''$ は $\mathfrak{K}_0'''$ と $\nu^2 U/c^2$ の間にあるから，いずれにせよ，

$$f(\mathfrak{K}''') > f(\mathfrak{K}_0''')$$

すなわち，

$$\mathfrak{L}''' - \mathfrak{K}''' \frac{dS}{dU} > \mathfrak{L}_0''' - \mathfrak{K}_0''' \frac{dS}{dU}$$

である．したがって証明を行なうためには，表式，

$$\mathfrak{L}'' - \mathfrak{K}'' \frac{dS}{dU} + \mathfrak{L}_0''' - \mathfrak{K}_0''' \frac{dS}{dU} - \mathfrak{L} + \mathfrak{K} \frac{dS}{dU} - \mathfrak{L}' + \mathfrak{K}' \frac{dS}{dU}$$

あるいは，(313)によれば同じことなのだが，表式

$$(\mathfrak{L}'' + \mathfrak{L}_0''') - (\mathfrak{L} + \mathfrak{L}')$$

が正であることを示せば十分である．さらに，

$$\mathfrak{K} + \mathfrak{K}' = \mathfrak{K}'' + \mathfrak{K}_0''' = \mathfrak{S}$$

とおこう．$\mathfrak{K}''$ と $\mathfrak{K}_0'''$ は (312) と (313) によって $\mathfrak{K}$ と $\mathfrak{K}'$ の間にある．

こんどは，$\mathfrak{S}$ を一定とみなし，したがって $\mathfrak{K}'$ を $\mathfrak{K}$ に依存するとみなして，$\mathfrak{K}$ のみの関数として次の量

$$\mathfrak{L} + \mathfrak{L}' = F(\mathfrak{K})$$

を考えると，表式

$$F(\mathfrak{K}'') - F(\mathfrak{K})$$

の符号のみが問題になる．ここで (229) を考えて微分することによって，

$$\frac{dF}{d\mathfrak{K}} = \frac{k}{h\nu} \log\left(\frac{h\nu^3}{c^2\mathfrak{K}} + 1\right) - \frac{k}{h\nu} \log\left(\frac{h\nu^3}{c^2\mathfrak{K}'} + 1\right)$$

$$\frac{d^2F}{d\mathfrak{K}^2} = -\frac{k}{h\nu\mathfrak{K}} \cdot \frac{1}{1 + \dfrac{c^2\mathfrak{K}}{h\nu^3}} - \frac{k}{h\nu\mathfrak{K}'} \cdot \frac{1}{1 + \dfrac{c^2\mathfrak{K}'}{h\nu^3}} < 0$$

となる．これから，関数 $F(\mathfrak{K})$ はただ 1 つの最大値をもち，それは $\mathfrak{K} = \mathfrak{K}' = \mathfrak{S}/2$ に対してである．そしてこの関数はこ

の最大値の両側で対称的に減少するということが結論される. それゆえ変数 $\mathfrak{K}$ の値が $\mathfrak{S}/2$ に近づけば近づくほど, それがどちら側からであっても, F の値は大きくなる.

　ここで, $\mathfrak{K}''$ は, $\mathfrak{K}$ と $\mathfrak{K}'$ の算術平均でもあり $\mathfrak{K}''$ と $\mathfrak{K}_0'''$ のそれでもある $\mathfrak{S}/2$ という値に, いずれにせよ $\mathfrak{K}$ よりは近くにある. $\mathfrak{K}''$ と $\mathfrak{K}'''$ は $\mathfrak{K}$ と $\mathfrak{K}'$ の間にあるからである. それゆえ, $F(\mathfrak{K}'') > F(\mathfrak{K})$ となり, これによってエントロピー増大の証明が与えられる.

　したがって, 考察した輻射過程はいずれもエントロピーが増大する方向に一方向的に経過し, エントロピーの最大値をもつ次の関係,

$$\mathfrak{K} = \mathfrak{K}' = \mathfrak{K}'' = \mathfrak{K}_0''' = \mathfrak{K}''' = \frac{\nu^2 U}{c^2}$$

によって特徴づけられる定常的輻射状態に到着する.

第 4 章　特別な場合への応用. 結論

　§ 188　次のような特別な場合の考察に移ろう. 振動子のおかれている場は定常的輻射状態にあり, 他方, 振動子の振動エネルギーは始めは全く任意であってよい. さて真空中での定常的輻射ということから言えることは, 振動子に入射する輻射線は偏光しておらず, あらゆる方向に同じ強さであ

る．すなわち，

$$\mathfrak{K} = \mathfrak{K}' = \mathfrak{K}_0 = \text{const}$$

であって，時間と輻射の方向に依存しない，ということである．そうすると(306)および(307)から，

$$\mathfrak{K}'' = \mathfrak{K}_0, \qquad \mathfrak{K}''' = \mathfrak{K}_0 \cos^2 \theta + \frac{\nu^2 U}{c^2} \sin^2 \theta \quad (315)$$

となる．

さらに，

$$\int \sin^2 \theta \, d\Omega = \frac{8\pi}{3}$$

であるから，(308)から，

$$\frac{dU}{dt} + 2\sigma\nu U - \frac{2c^2\sigma}{\nu} \mathfrak{K}_0 = 0 \qquad (316)$$

これから，振動子の振動エネルギー U は，初期値が与えられている場合，時間 t の関数として与えられる．

ここで1個の振動子しか存在せず $\mathfrak{L} = \mathfrak{L}' = \mathfrak{L}'' = \mathfrak{L}_0$ であるから，この系の時間 dt における全エントロピー変化は(311)から，

$$dS_t = dS + \frac{3c^2\sigma}{4\pi\nu} dt \cdot \int d\Omega \, (\mathfrak{L}''' - \mathfrak{L}_0) \qquad (317)$$

となる．ここで，$\mathfrak{L}'''$ は，(229)によって，$\mathfrak{K}'''$ に，したがって角 θ に依存する．

振動子のまわりの場ばかりでなく系全体も定常的輻射状態

にあるならば，$\mathfrak{K}''' = \mathfrak{K}_0$ であり，振動子のエネルギー U は
特に，

$$U_0 = \frac{c^2}{\nu^2} \mathfrak{K}_0 \qquad (318)$$

となろう．このことは(315)からも見てとれる．そこで，この値 U_0 を振動子のエネルギーの定常値とよぼう．U は(316)に従って時間とともに漸近的にこの値に近づく．

ここで，振動子のエネルギーが，定常値 U_0 とほんのわずかちがうある値，すなわち，

$$U = U_0 + \Delta U \qquad (319)$$

をとるとする．

この，正あるいは負の微小量 ΔU は，振動子エネルギーの定常値からのずれとよばれ，同時に，考えている系全体の平衡摂動に対する尺度でもある．そこで，(316)と(318)から，

$$\frac{dU}{dt} + 2\sigma\nu\Delta U = 0 \qquad (320)$$

また，(315)から，

$$\mathfrak{K}''' = \mathfrak{K}_0 + \frac{\nu^2}{c^2} \sin^2\theta \cdot \Delta U \qquad (321)$$

となり，したがって，テイラー級数に展開し，ΔU の高次の項を無視すれば，

$$\mathfrak{L}''' = \mathfrak{L}_0 + \left(\frac{d\mathfrak{L}}{d\mathfrak{K}}\right)_0 \frac{\nu^2}{c^2} \sin^2 \theta \, \Delta U$$

$$+ \frac{1}{2} \left(\frac{d^2\mathfrak{L}}{d\mathfrak{K}^2}\right)_0 \frac{\nu^4}{c^4} \sin^4 \theta \, (\Delta U)^2$$

となる. これを (317) に代入すると,

$$\int \sin^4 \theta \, d\Omega = \frac{32\pi}{15}$$

であるから,

$$dS_t = dS + 2\sigma\nu dt \cdot \left(\frac{d\mathfrak{L}}{d\mathfrak{K}}\right)_0 \Delta U + \frac{4\sigma\nu^3}{5c^2} dt \cdot \left(\frac{d^2\mathfrak{L}}{d\mathfrak{K}^2}\right)_0 (\Delta U)^2$$

あるいは, (320) によって, 時間要素 dt を消去して,

$$dS_t = dS - dU \left\{ \left(\frac{d\mathfrak{L}}{d\mathfrak{K}}\right)_0 + \frac{2\nu^2}{5c^2} \left(\frac{d^2\mathfrak{L}}{d\mathfrak{K}^2}\right)_0 \Delta U \right\}$$

となる. 他方,

$$dS = \frac{dS}{dU} \cdot dU$$

であり, (319) によって,

$$\frac{dS}{dU} = \left(\frac{dS}{dU}\right)_0 + \left(\frac{d^2S}{dU^2}\right)_0 \Delta U + \cdots$$

したがって, 全系のエントロピー変化は, これを代入し, ΔU の高次の項を無視すれば,

$$dS_t = dU \left[\left(\frac{dS}{dU} \right)_0 - \left(\frac{d\mathfrak{L}}{d\mathfrak{K}} \right)_0 + \left\{ \left(\frac{d^2 S}{dU^2} \right)_0 \right. \right.$$
$$\left. \left. - \frac{2\nu^2}{5c^2} \left(\frac{d^2 \mathfrak{L}}{d\mathfrak{K}^2} \right)_0 \right\} \Delta U \right] \qquad (322)$$

となる．熱力学的平衡の際，自由輻射の温度は振動子の温度に等しいから，(135)と(199)から，

$$\left(\frac{d\mathfrak{L}}{d\mathfrak{K}} \right)_0 = \left(\frac{dS}{dU} \right)_0$$

となり，この方程式の微分によって，(318)を考慮して，

$$\left(\frac{d^2 \mathfrak{L}}{d\mathfrak{K}^2} \right)_0 = \frac{c^2}{\nu^2} \left(\frac{d^2 S}{dU^2} \right)_0$$

となる．これによって，表式(322)は

$$dS_t = \frac{3}{5} dU \cdot \Delta U \cdot \frac{d^2 S}{dU^2} = -\frac{3}{5} k \cdot \frac{dU \cdot \Delta U}{U(U + h\nu)} \qquad (323)$$

となる．ここで，S の値として(227)を代入し，U の添字 0 は不必要なものとして省いてある．

　この表式は，定常的輻射場にある 1 個の振動子が定常値 U から正あるいは負の微小のずれ ΔU を示すエネルギーをもっていて，もちろん輻射場のエネルギーを費やして，無限小エネルギー変化 dU を受けるときの，自然界に起こるエントロピー増大を表わす．したがって，エントロピー増大は，振動子の振動数 ν のほかに dU，ΔU，U にのみ依存し減衰度には依存しない．さらに，始めから分かることでもあるが，dU と ΔU の値に比例する．エントロピー増大は常に正であ

るから，当然，dU と ΔU は反対の符号をもつ．

§ 189 ここで，考えている定常的輻射場に，1個の振動子の代りに任意の個数 n 個のこれまで考えたのと全く同じ性質の振動子が存在するものとする．それらのなかで時間 dt の間に全く同じ過程[*4] が進行する．そこで，すべての振動子のエネルギーは個々のエネルギーの和 $nU = U_n$，それの定常値からのずれは $\Delta U_n = n \cdot \Delta U$，時間 dt におけるその変化は $dU_n = ndU$，そのエントロピーは個々のエントロピー全部の和 $S_n = nS$ となる．

この系における全エントロピー増大は，それを $d\Sigma_t$ と書くことにすると，n 個の互いに全く等しい過程が同時に互いに独立に進行するのだから，表式 (323) の n 倍に等しい．すなわち，

$$d\Sigma_t = n \cdot \frac{3}{5} dU \cdot \Delta U \cdot \frac{d^2 S}{dU^2} = -n \cdot \frac{3}{5} k \cdot \frac{dU \cdot \Delta U}{U(U + h\nu)} \tag{324}$$

あるいは，$U_n, \Delta U_n, dU_n, S_n$ を用いると，

$$d\Sigma_t = \frac{3}{5} dU_n \cdot \Delta U_n \cdot \frac{d^2 S_n}{dU_n^2} = -\frac{3}{5} k \cdot \frac{dU_n \cdot \Delta U_n}{U_n \left(\dfrac{U_n}{n} + h\nu \right)} \tag{325}$$

この表式を全く類似の表式 (323) と比較すると，系のエント

ロピー増大は振動数 ν のほかに U_n, ΔU_n, dU_n ばかりでなく個数 n にもあらわに依存することが判明する.

　エントロピー S の表式(227)から必然的に導かれるこの結論は, 方程式(323)および(325)がその構造上何ら違いがないから, 私にははじめは奇妙なことでおそらく考えられないことに思われた. そこで, 私は, かつて, 輻射エントロピーの計算の直接的方法を知らなかったので, (325)式の代りに次式,

$$dΣ_t = \frac{3}{5}dU_n \cdot \Delta U_n \cdot \frac{d^2 S_n}{dU_n^2} = -dU_n \cdot \Delta U_n \cdot f(U_n)$$

$$(326)$$

を, 正の関数 f は U_n にのみ依存し n には依存しないという仮定のもとにたてた. これによって(323)は,

$$dS_t = \frac{3}{5}dU \cdot \Delta U \cdot \frac{d^2 S}{dU^2} = -dU \cdot \Delta U \cdot f(U) \quad (327)$$

となり, すでに上で(324)の導出に用いたように $dΣ_t = n \cdot dS_t$ であるから,

$$dU_n \cdot \Delta U_n \cdot f(U_n) = ndU \cdot \Delta U \cdot f(U)$$

あるいは, U_n の代りに U を用いて,

$$n \cdot f(nU) = f(U)$$

となる. この関数方程式の一般解は,

312

$$f(U) = \frac{\text{const}}{U}$$

であり，これから(327)によって，

$$\frac{d^2S}{dU^2} = -\frac{5}{3}f(U) = -\frac{\text{const}}{U} \qquad (328)$$

となる．

　この方程式の積分によって，直ちに，S について，(239) の関係に表わされるヴィーンのエネルギー分布則に導く U の関数が与えられる．したがって私は，しばらくのあいだ，この関係を，考えている種類の振動子のエントロピーの一般的表式と考えた．そしてこれに対応してヴィーンのエネルギー分布則を一般的なスペクトル法則と考えた．F. パシェンの測定もこれを確かめたものと思われた[*5]．

　O. ルンマーと E. プリングスハイムによる研究が[*6]，はじめて，ヴィーンのエネルギー分布則が条件付きでのみ成り立つこと，すなわち，輻射強度，したがってエネルギー U も，比較的小さな値をもつときにのみ成り立つということを示した．それに対して，比較的大きな U の値に対しては，とくに H. ルーベンスと F. カールバウムによる測定から明らかにされるように[*7]，エネルギー輻射はきわ立ってレイリーの法則(§154)に近づく．この法則によれば，方程式(244)から直接わかるように，関係(328)の代りに次の関係，

$$\frac{d^2S}{dU^2} = -\frac{\text{const}}{U^2} \qquad (329)$$

が成り立つようになる.

　特別な領域, すなわち小さな U と大きな U に対して成り立つ 2 つの公式(328)および(329)を 1 つの一層一般的な公式にまとめようとするなら, 最も簡単な表式として次の式

$$\frac{d^2 S}{dU^2} = -\frac{\text{const}}{U(U + \text{const})}$$

が浮かびあがる. これは(323)に厳密に一致し, U について 2 回積分を行なうことによって方程式(227)が導かれる. ここで振動数 ν への依存性はヴィーンの変位則(223)によって確定されるからである.

　これが, 関係(227)およびそれによってきめられる輻射法則(234)を最初に見出した道すじである.

§ 190　結論　ここで展開した非可逆的輻射過程の理論は, 輻射を満たした可能なあらゆる固有振動の振動子を含む空洞において, 任意に仮定した初期条件のもとで, 時間とともに, すべての輻射線の強度と偏光の大きさと方向が互いに一様になることによって定常状態がどのように確立されるかを説明する. しかし, この理論はまだ本質的な点で不十分である. なぜなら, これは同じ周期の輻射線と振動子の振動のあいだの相互作用のみを扱っているからである. 一定の振動数に対して, 熱力学の第 2 主則によって要請されるように, エントロピーはその最大値に到達するまで各時間要素内で増大するということが, 純粋に電気力学的方法に基づいて

証明される．しかしながら，すべての振動数についてまとめて考えると，こうして得られた極大はまだ系のエントロピーの絶対的最大であるわけではなく，これに対応する輻射状態は一般には絶対的に安定な平衡を表わすわけではない（§27参照）．なぜなら，さまざまの振動数に対応する輻射の強度がどのようにして互いに一様になるのか，したがって，始めに存在する任意のエネルギースペクトル分布から，時間とともに，黒体輻射に対応する正常エネルギー分布にどのようにしてなるのかについて，この理論は何の説明も与えないからである．ここで考察の基礎となる振動子は，その固有振動に対応する輻射線の強度にのみ影響し，輻射エネルギーを放出し吸収する以外の作用を及ぼすか，あるいは作用を受けるかしないかぎり，振動子は輻射線の振動数を変えることはできない[8].

　自然界において異なった振動数の輻射線の間のエネルギー交換が起こる過程を明らかにするためには，いずれにせよ，振動子の運動が輻射過程に及ぼす影響を研究することが必要であろう．なぜなら，振動子が運動すると，それらの間の衝突が起こり，いずれの衝突の際にも，振動子の振動エネルギーに，輻射エネルギーの単なる放出吸収とは全く別のずっとラディカルな仕方で影響を及ぼす作用が役割を果たすにちがいないからである．すべてのこのような衝突作用の最終的結果は，たしかに，第4部で述べた確率的考察によって予知されるかもしれない．しかし，その結果が詳細にどのように

315 第 5 部　非可逆的輻射過程　　315

して，そしてどれだけの時間間隔で到達されるかを示すこと
は，これからの理論の課題であろう．たしかにその理論によ
って，自然界に存在する振動子の構造をさらに詳細に解明す
ることが期待されよう．いずれにせよ，その理論は，普遍的
作用要素 h（§149）の物理的重要性——その重要性はたしか
に電気的要素量のそれにもおとらないのだが——をさらに詳
しく説明するにちがいないからである．

論文リスト

著者によりこれまでに出版された熱輻射の領域に関する論文. カッコ内に本書で同じ主題を扱かっている節番号も指示してある.

1) 共鳴による電波の吸収および放出. *Sitzungsber. d. k. preuss. Akad. d. Wissensch.* vom 21. März 1895, pp.289-301. *Wied. Ann.* **57**, pp.1-14, 1896. (§§112-115.)

2) 共鳴により励起され輻射により減衰させられる電気振動について. *Sitzungsber. d. k. preuss. Akad. d. Wissensch.* vom 20. Februar 1896, pp.151-170. *Wied. Ann.* **60**, pp.577-599, 1897. (§§104-115.)

3) 非可逆的輻射過程について. (第1報) *Sitzungsber. d. k. preuss. Akad. d. Wissensch.* vom 4. Februar 1897, pp.57-68. (§104 以下.)

4) 非可逆的輻射過程について. (第2報) *Sitzungsber. d. k. preuss. Akad. d. Wissensch.* vom 8. Juli 1897, pp.715-717. (§168.)

5) 非可逆的輻射過程について. (第3報) *Sitzungsber. d. k. preuss. Akad. d. Wissensch.* vom 16. Dezember 1897, pp.1122-1145. (§§169-171.)

6) 非可逆的輻射過程について. (第4報) *Sitzungsber. d.*

    k. preuss. Akad. d. Wissensch. vom 7. Juli 1898,
    pp.449-476.（§§169-171.）

7) 非可逆的輻射過程について．（第5報）*Sitzungsber. d.*
    k. preuss. Akad. d. Wissensch. vom 18. Mai 1899,
    pp.440-480.（§§175-187. §159.）

8) 非可逆的な輻射現象について．*Drudes Ann.* **1**, pp.69-
    122, 1900.（§§128-132. §§175-187. §159.）

9) 輻射熱のエントロピーと温度．*Drudes Ann.* **1**, pp.719-
    737, 1900.（§101. §§188 以下．§162.）

10) ヴィーンのスペクトル式の1つの改良について．
    Verhandlungen der Deutschen Physikalischen
    Gesellschaft **2**, pp.202-204, 1900.（§189.）

11) 磁気-光学的ファラデー効果の熱力学との矛盾とされ
    ているものについて．*Verhandlungen der Deutschen*
    Physikalischen Gesellschaft **2**, pp.206-210, 1900.

12) W. ヴィーン氏の2つの定理の批判．*Drudes Ann.* **3**,
    pp.764-766, 1900.

13) 正常スペクトルにおけるエネルギー分布の法則の理
    論．*Verhandlungen der Deutschen Physikalischen*
    Gesellschaft **2**, pp.237-245, 1900.（§§146-152. §158.）

14) 正常スペクトルにおけるエネルギー分布の法則につい
    て．*Drudes Ann.* **6**, pp.553-563, 1901.（§§145-157.）

15) 物質と電気の要素量について．*Drudes Ann.* **6**, pp.
    564-566, 1901.（§158.）

16) 非可逆的輻射過程について（補足）. *Sitzungsber. d. k. preuss. Akad. d. Wissensch.* vom 9. Mai 1901, pp.544-555. *Drudes Ann.* **6**, pp.818-831, 1901. (§187.)

17) 正常輻射場における線形共鳴子の振動法則の簡単化された導出. *Physikalische Zeitschrift* **2**, pp.530-534, 1901.（§§116-123.）

18) 白色光の本性について. *Drudes Ann.* **7**, pp.390-400, 1902.（§160. §176. §180.）

19) 楕円振動するイオンにより放出・吸収されるエネルギーについて. Archives Néerlandaises, Jubelband für H. A. Lorentz, 1900, pp.164-174. *Drudes Ann.* **9**, pp.619-628, 1902.

20) エーテルと物質のあいだのエネルギーの分布について. Archives Néerlandaises, Jubelband für J. Bosscha, 1901, pp.55-66. *Drudes Ann.* **9**, pp.629-641, 1902.（§§138-144.）

〔訳者注〕　論文名のみ日本語に訳した. 8)〜10), 13), 14)は邦訳がある. いずれも『物理学古典論文叢書1　熱輻射と量子』東海大学出版会, 1970 に収録.

原　　注

第 1 部

*1　たとえば，Lobry de Bruyn und L. K. Wolff, *Rec. des Trav. Chim. des Pays-Bas* **23**, p.155, 1904 を参照.

*2　「均質な」という言葉を絶対的な意味でのみ使おうとするなら，どんな可秤量物質にもその言葉を使ってはならなくなる.

〔訳者注〕「可秤量物質」とは重さをはかることができる物質のこと，つまり普通の物質のことである. 18, 19 世紀交代期から，個々の物理現象を数量的に扱うために導入された仮想的な物質，たとえば電気流体，磁気流体，熱物質(熱素)といった，重さのない不可秤量物質に対して用いられた. 20 世紀初め，電気流体は原子的粒子の集まりで「電気素量」とよばれたりしたが，電子の発見，β 線の発見により，電気は可秤量物質と切り離されないということが明らかになった.

*3　Lord Rayleigh, *Phil. Mag.* **47**, p.379, 1899.

*4　G. Kirchhoff, *Pogg. Ann.* **109**, p.275, 1860., *Gesammelte Abhandlungen*, Leipzig, Johann Ambrosius Barth, p.573, 1882 を参照. キルヒホッフは黒体の定義に際して，入射輻射線の吸収が「無限小の厚さ」の層の内部で起こるということも仮定している. ここではこのことは問題にしない.

*5 この点についてはとくに，A. Schuster, *Astrophysical Journal* **21**, p.1, 1905 を参照．かれはとくに，黒い表面をもった無限に厚い気体層が必ずしも黒体であるわけでないと指摘している．

*6 たとえば，M. Planck, *Vorlesungen über Thermodynamik*, Leipzig, Veit & Comp., 1905 の §165 と §189 以下を参照．

*7 H. v. Helmholtz, *Handbuch der Physiologischen Optik*. 1. Lieferung. Leiptiz, Leop. Voss, p.169, 1856., *Helmholtz' Vorlesungen über die Theorie der Wärme*, herausgegeben von F. Richarz, Leiptiz, J. A. Barth, p.161, 1903 も参照．そこで特別な場合に対してなされたこの法則の制約はここでは問題にしなくてよい．ここでは温度輻射(§7)のみを扱っているからである．

*8 G. Kirchhoff, *Gesammelte Abhandlungen*, Leiptiz, J. A. Barth, p.594, 1882., R. Clausius, *Pogg. Ann.* **121**, p.1, 1864.

*9 G. Kirchhoff, *Gesammelte Abhandlungen*, p.574, 1882.

*10 E. Pringsheim, *Verhandlungen der Deutschen Physikalischen Gesellschaft* **3**, p.81, 1901.

*11 強く分散する物質に適用する場合には，この法則において(24)式の量 q と(37)式の量 q が同じものであるということが仮定されていることに注意すべきである．

*12　W. Wien und O. Lummer, *Wied. Ann.* **56**, p.451, 1895.

*13　放出の強さは，定常的輻射の確立するまでの時間にだけ影響し，その性質には影響しない.

*14　M. Thiesen, *Verhandlungen der Deutschen Physikalischen Gesellschaft* **2**, p.65, 1900.

第 2 部

*1　P. Lebedew, *Drudes Ann.* **6**, p.433, 1901 および E. F. Nichols und G. F. Hull, *Drudes Ann.* **12**, p.225, 1903 も参照せよ.

*2　J. Stefan, *Wien. Ber.* **79**, p.391, 1879.

*3　L. Boltzmann, *Wied. Ann.* **22**, p.291, 1884.

*4　O. Lummer und E. Pringsheim, *Wied. Ann.* **63**, p.395, 1897., *Drudes Ann.* **3**, p.159, 1900.

*5　F. Kurlbaum, *Wied. Ann.* **65**, p.759, 1898.

*6　W. Wien, *Sitzungsber. d. Akad. d. Wissensch.* Berlin vom 9. Febr., p.55, 1893., *Wied. Ann.* **52**, p.132, 1894. さらに，とりわけ, M. Thiesen, *Verhandlungen der Deutschen Physikalischen Gesellschaft* **2**, p.65, 1900., H. A. Lorentz, *Akad. d. Wissensch.* Amsterdam, p.607, 18. Mai 1901., M. Abraham, *Drudes Ann.* **14**, p.236, 1904 などを参照せよ.

*7　動いている完全反射面での輻射線ビームの反射の問題

は，任意の大きな速度で動く場合も含めて，§71 で引用した M. アブラハムの論文において完全に解かれている．その際，運動物体の法則が基礎におかれている．同じ著者の教科書：*Elektromagnetische Theorie der Strahlung*, 1905 (Leiptiz, B. G. Teubner)をも参照せよ．

*8　鏡の運動によって起こされる反射の際の強度変化は，純粋に電気力学的にも導かれる．電気力学はエネルギー原理と矛盾しないからである．この方法は若干複雑であるが，その代り反射過程の詳細にわたって深く洞察できる．

*9　F. Paschen, *Sitzungsber. d. Akad. d. Wissensch*, Berlin, p.405, p.959, 1899., O. Lummer und E. Pringsheim, *Verhandlungen der Deutschen Phisikalischen Gesellschaft* **1**, p.23, p.215, 1899., *Drudes Ann.* **6**, p.192, 1901.

*10　O. Lummer und E. Pringsheim, *Wied. Ann.* **63**, 1897.

*11　F. Paschen, *Drudes Ann.* **6**, p.657, 1901.

*12　「コヒーレントでない」という意味で「独立な」ということ．たとえば輻射線が主強度 $\Re$ および $\Re'$ をもち，楕円偏光しているならば，そのエントロピーは $\mathfrak{L}+\mathfrak{L}'$ ではなく，強度 $\Re+\Re'$ の直線偏光した輻射線のエントロピーに等しい．なぜなら，楕円偏光した輻射線は，たとえば全反射によって直ちに直線偏光した線に変えられ，逆戻りさせられるからである．

*13　さまざまな色の太陽輻射線は厳密には同じ温度ではないので，平均をとって.

*14　L. Holborn und F. Kurlbaum, *Drudes Ann.* **10**, p.229, 1903.

第3部

*1　この法則は，T が十分大きな値であると考えられるときには常に成り立つ. 小さな値の T に対しては，おそらく，簡単な線形微分方程式(158)の代りに，自然の過程に一層よく合った別の振動法則が立てられるであろう.

*2　この式を電子論から直接導くことは最近，M. アブラハムによってなされた：M. Abraham, *Elektromagnetische Theorie der Strahlung*, Leipzig, B. C. Teubner, p.72, 1905.

*3　吸収エネルギーは一般に負でもありうる，すなわち，事情によっては入射輻射によって振動子から直接エネルギーが奪われるということが分かる. このような場合(熱輻射の場合には実現しない)の例を第5部第1章でみるであろう.

第4部

*1　§111 の注 3(*3)を参照.

*2　L. Boltzmann, *Vorlesungen über Gastheorie* **1**, p.21, 1896 および *Wiener Sitzungsber* **78**, Juni 1878 の結論.

S. H. Burbury, *Nature* **51**, p.78, 1894 をも参照.

*3　L. Boltzmann, *Sitzungsber. d. Akad. d. Wissensch.*
zu Wien（II）**76**, p.373, 1877〔恒藤敏彦訳．『物理学古典
論文叢書6　統計力学』東海大学出版会，1970 に収録〕.
Gastheorie **1**, p.38, 1896 をも参照.

*4　たとえば，E. Czuber, *Wahrscheinlichkeitsrechnung*,
Leipzig, B. G. Teubner, p.22, 1903 を参照.

*5　F. Richarz, *Wied. Ann.* **67**, p.705, 1899.

*6　非定常場への適用に際しては，平均値の基礎にある時
間間隔は，場を定常的とみなせるだけ短くとらねばならな
い．§3 を参照.

*7　その「系」はもちろん，N 個の共鳴子だけをふくむ.
輻射場はそれに属さない.

*8　§109 の注 1（*1）を参照.

*9　たとえば，L. Boltzmann, *Gastheorie II*, p.62 以下，
1898. または，J. W. Gibbs, *Elementary Principles in
Statistical Mechanics*, Chapter I, 1902 を参照.

*10　とくに，H. Rubens und F. Kurlbaum, *Sitzungsber.
d. Akad. d. Wissensch.*, p.929, zu Berlin, vom 25.
Okt. 1900., *Drudes Ann.* **4**, p.649, 1901., F. Paschen,
Drudes Ann. **4**, p.277, 1901 などを参照.

*11　O. Lummer und E. Pringsheim, *Drudes Ann.* **6**,
p.120, 1901.

*12　W. Wien, *Wied. Ann.* **58**, p.662, 1896.〔辻哲夫訳.

『物理学古典論文叢書 1　熱輻射と量子』東海大学出版会，
1970 に収録〕

*13　Lord Rayleigh, *Phil. Mag.* **49**, p.539, 1900.〔辻哲
夫訳．『物理学古典論文叢書 1　熱輻射と量子』東海大学
出版会，1970 に収録〕

*14　これについては，E. Einstein, *Ann. d. Phys.* **17**,
p.132, 1905 を参照〔高田誠二訳．『物理学古典論文叢書 2
光量子論』東海大学出版会，1969 に収録〕．そこで強調さ
れている輻射理論に対する困難は，関係(245)がそこでは
初めから一般的に有効であると仮定されていることに由来
する．他方，ここで述べた理論によれば，言及した統計力
学の定理は積 λT の大きな値に対してのみ妥当であると言
える．この根本的に重要な点について詳しくは§166を見
よ．

*15　F. Richarz und O. Krigar-Menzel, *Wied. Ann.* **66**,
p.190, 1898.

*16　しかしながら，規則的な屈折，反射は非可逆過程では
ない．なぜなら，2つの干渉性の輻射線のエントロピー
は，確率計算の意味で互いに独立ではないので，それぞ
れの輻射線のエントロピーの和に等しくないからである．
§158 および §134 を参照．また，まもなく *Drudes Ann.*
に出るマックス・フォン・ラウエの論文をも参照(校正時
付記)．

*17　E. Hagen und H. Rubens, *Drudes Ann.* **11**, p.873,

1903.

*18 E. Aschkinass, *Drudes Ann.* **17**, p.960, 1905.

*19 E. Riecke, *Wied. Ann.* **66**, p.353, 1898.

*20 P. Drude, *Drudes Ann.* **1**, p.566, 1900.

*21 H. A. Lorentz, *Proc. Kon. Akad. v. Wet.* Amsterdam, p.666, 1903.

*22 J. H. Jeans, *Phil. Mag.* **10**, p.91, 1905.〔辻哲夫訳. 『物理学古典論文叢書 1　熱輻射と量子』東海大学出版会, 1970 に収録〕

*23 Lord Rayleigh, *Nature* **72**, p.54, p.243, 1905.

*24 J. H. Jeans, *Proc. Roy. Soc.* Vol. 76A, p.296, p.545, 1905.

*25 L. Boltzmann, *Gastheorie II*, p.92, p.101, 1898.

第5部

*1 L. Boltzmann, *Sitzungsber. d. Berliner Akad. d. Wissensch.* vom 3, p.182, März 1898 を参照.

*2 励起振動の「場の」強度と混同してはならない.

*3 全強度 J に対して立てた積分(281)を単純に方程式 (291)の形に書き, それから $\mathfrak{A}_\mu$ および $\mathfrak{B}_\mu$ を導くことによって, 一定の振動数 ν の強度 $\mathfrak{J}_\nu$ を上述の平均値によって非常に容易に定義することができる. しかし, こうすると, ここで利用される定義の物理的意味が失われる.

*4 もちろん, エネルギーについてのみであって, 振動が

コヒーレントであるといったような意味ではない.

*5 F. Paschen, *Sitzungsber d. k. preuss. Akad. d. Wissensch.* p.405, p.893, 1899., *Wied. Ann.* **60**, p.662, 1897.

*6 O. Lummer und E. Pringsheim, *Verhandlungen der Deutschen Physikalischen Gessellschaft* **2**, p.163, 1900., H. Beckmann, *Inaugural-Dissertation*, Tübingen, 1898., H. Rubens, *Wied. Ann.* **69**, p.582, 1899 などを参照.

*7 H. Rubens und F. Kurlbaum, *Sitzungsber d. k. preuss. Akad. d. Wissensch.* vom 25, p.929, Okt. 1900.

*8 P. Ehrenfest, *Wien. Ber.* **114** [2a], p.1301, 1905.

訳者解説

本書は，Max Planck, *Vorlesungen Über Die Theorie Der Wärmestrahlung*, Leipzig, Johann Ambrosius Barth, 1906. の全訳である．以下では，本書成立の歴史的背景とその意義，初期量子論の起源について，プランクの研究を中心に論じていきたい．そうすることは同時に，本書の内容を解説することにもなると思う．

1　プランクの生涯と著作

プランクの生涯

まずはプランクの生涯について簡単にみておくことにしよう．マックス・プランク（Max Karl Ernst Ludwig Planck）は，1858 年 4 月 23 日，キール大学の法律学教授であったユリアス・プランクの息子としてキールに生まれた．彼の祖父も曽祖父も神学者でゲッチンゲン大学教授，父の従兄も著名な法律学教授であった．学者の家系の出である．

1867 年，父がミュンヘン大学に転じたため，ミュンヘンのギムナジウムに入学した．そこで，数学教師 H. ミュラーの影響から，科学に対して強い関心をもつようになる．人間をとりまく自然界が現わす「絶対的なもの」と，自然界を支配する法則の探究に惹きつけられた．彼が最初に注目したの

は，エネルギー保存則であったという．1875 年，ギムナジウムを卒業してミュンヘン大学に入学，3 年の間そこで学んだ．

当時，ミュンヘン大学には理論物理学の講座はまだなく，P. G. フォン・ヨリー(1810-84)による物理学の講義を聴講した．プランクが今後の勉強について相談するとヨリーは，物理学はすでに高度に発展し，ほとんど完成の域に達した学問であると言ったという．これは当時の物理学についての一般的な理解を表わす言葉としてよく引用される．

1878 年，ミュンヘン大学を卒業したプランクは，ベルリン大学で 1 年間，ヘルマン・フォン・ヘルムホルツ(1821-94)とグスタフ・キルヒホッフ(1824-87)のもとで学んだ．ただし，プランクの語るところによれば，この 2 人の講義から学問的恩恵は受けなかったという．ヘルムホルツの講義は準備不足の即席授業で熱心ではなかったし，キルヒホッフの講義は入念に準備されすぎていて無味乾燥であった．むしろ，彼らの著作を通じて多くを学んだらしい．

またその頃，プランクはルドルフ・クラウジウス(1822-88)の論文を読んで大いに啓発されたという．クラウジウスによって定式化された熱力学の 2 つの基本定理の区別を学び，それがプランクのその後の研究進路を決定づけることとなった．1879 年，ミュンヘン大学に提出された学位論文「熱力学の第 2 主則について」が彼の熱力学研究の始まりである．翌 80 年にはミュンヘン大学の私講師，85 年にはキー

ル大学の員外教授，89年にはベルリン大学の員外教授，92年に正教授となった．1913-14年にはベルリン大学総長を務めることになる．1918年には，量子論による物理学進歩への貢献によりノーベル物理学賞を受賞（授賞式は1920年）した．

　プランクはアルバート・アインシュタイン（1879-1955）の相対性理論の重要性にいちはやく注目し，相対性原理と力学の基礎方程式（1906年），運動体の力学（1907年）などの研究に取り組み，相対性理論の受容と発展に大きな役割を果たした．ヴァルター・ネルンスト（1864-1941）らとともに，アインシュタインをプロイセン科学アカデミーへ招聘するために尽力したことはよく知られる．

　ベルリン大学を退いた後は，1928年にプロイセン科学アカデミー終身理事，1930年にはカイザー・ヴィルヘルム科学振興協会（マックス・プランク研究所の前身）総裁に就任した．熱力学から始まり，熱輻射論と量子論，相対論，量子力学にいたるまで約60年にわたり研究活動をつづけた．学派はつくらなかったが，弟子にはエルンスト・ツェルメロ（1871-1953），マックス・フォン・ラウエ（1879-1960），マックス・アブラハム（1875-1922）らがいる．リーゼ・マイトナー（1878-1968）は長らくプランクの助手を務めていた．

　こうした研究者としての輝かしい経歴とは裏腹に，プランクは家庭生活には恵まれなかった．1887年，ミュンヘンの銀行家の娘で友人であったマリー・メルクと結婚したが

1909 年に死別，彼女との間に生まれた 4 人の子どものうち
3 人は第 1 次大戦のさなか死亡している．ひとり残った息
子は 1945 年，ヒトラー暗殺計画に関与したかどで処刑され
た．

　ドイツ科学界を代表する責任ある地位にあったプランク
は，ナチス政権が確立した後，しばしば苦境に立たされた．
激しさを増すユダヤ人排斥運動は科学者たちの間にも及び，
やがてアインシュタインへの個人攻撃も行なわれるようにな
っていたが，プランクは当初，こうした動きは一時的なもの
と考えていた．しかし，大学でユダヤ系教授の追放が始まる
に至って，自らの認識の甘さを悟る．ヒトラーと面会し事態
の収拾を乞うも容れられず，アインシュタインをはじめ多く
の科学者たちがドイツを去っていくのを見送った．ナチスと
は相容れない思いを抱きつつも，公人としての限界からか，
看過する以外になかったのである．以後，高齢のためもあ
り，公的な場からは距離を置くようになる．

　大戦中は空襲で家を破壊され，妻(亡妻の姪マルガ・フォン・
ヘスリンと再婚していた)とともにベルリンを離れてエルベ川
ほとりのローゲッツにある友人宅に身を寄せた．そこは西部
戦線における連合軍とドイツ軍の中間地帯に当たる場所で
あった．ドイツの敗戦が決定的となり戦争が終わりに近づく
と，そこからも逃げなくてはならなくなった．プランクの身
柄を保護するべくアメリカ軍が軍用車を差し向けたとき，夫
妻は森の中をさまよっていたという．敗戦はゲッチンゲンの

町で迎えた.

　戦後，プランクは講演活動を中心に余生を過ごし，1946
年には英国王立協会主催のニュートン 300 年祭に招待され，
ドイツ人としてただひとり列席している. 翌 47 年 10 月死
去. 89 歳であった.

プランクの著作

　プランクの熱力学研究は，1879 年ミュンヘン大学に提出
した学位論文に始まり，約 15 年にわたり続けられた. それ
らの結果は，

　　Vorlesungen über Thermodynamik, Veit ＆ Comp.,
　　　　Leipzig, 1897.

にまとめられている. 本書はその後も版を重ね，大きな改訂
版としては 1903 年に第 3 版，1917 年に第 5 版，1927 年に
第 8 版，1929 年に第 9 版が出されている. このうち第 8 版
は邦訳があり，『熱力学』芝亀吉訳(岩波書店，1938 年)とし
て刊行されている.

　1884 年，ゲッチンゲン大学の懸賞に応募して書かれたエ
ネルギー保存則に関する論文は，2 等賞を獲得した(1 等賞
は該当者なし). この論文は後に，

　　Das Prinzip der Erhaltung der Energie, Teubner,
　　　　Leipzig, 1887.

として出版された. 邦訳があり，『世界大思想全集 48　相対
性理論・エネルギー恒存の原理・物理学的展望』石原純訳

(春秋社，1930 年)に収められている．

　熱輻射論の研究は 1895 年に始められ 1901 年には一応終わる．プランクがエネルギー要素の仮説(いわゆる「エネルギー量子仮説」)を提示したのは 1900 年，42 歳のときであった．その一連の研究成果が本書にまとめられている．

　プランクのまえがきにもあるように，本書は 1905 年から翌 06 年にかけてベルリン大学で行なわれた冬学期の講義に基づいて書かれたものである．前半はプランクが熱輻射の研究を始める以前に得られていた，キルヒホッフの法則からヴィーンの変位則までの熱輻射の基礎的な研究結果の導出であり，後半のほとんどは 1895 年から 1901 年までに発表されたプランク自身による熱輻射論関連の論文の集成である．さらにここには 1901 年以後，本書が書かれるまでの間にプランクや他の物理学者によってなされた研究も取り入れられ，プランク自身の量子論に関する新しい見解，すなわち「作用要素」の考えが提出されている．

　本書は 1906 年に刊行された，その第 1 版を底本としている．その後，幾度か版を重ね(第 2 版から第 5 版まで)，量子論の発展に即して，その都度，改訂が施された．とくに1913 年の第 2 版では，1911 年のプランクによる「第 2 理論」の提出に対応して，大幅な修正がなされている．したがって，第 1 版(本書)とつづく第 2 版は，初期量子論の歴史を知るうえで欠くことのできない，史料的価値をもつ著作となっている．

　ベルリン大学における正規の課程として行なわれた講義は，理論物理学の教科書として集成され，

　　Einführung in die algemeine Mechanik, Leipzig, Hirzel, 1916.

　　Einführung in die Mechanik deformierbarer Körper, Leipzig, Hirzel, 1919.

　　Einführung in die Theorie der Elektrizität und Magnetismus, Leipzig, Hirzel, 1922.

　　Einführung in die Theoretische Optik, Leipzig, Hirzel, 1927.

　　Einführung in die Theorie der Wärme, Leipzig, Hirzel, 1930.

として全5巻が刊行された．これらもすべて邦訳があり，『プランク理論物理学汎論（全5巻）』寺澤寛一ほか訳（裳華房，1926-32年）として出版されている．

　以上は理論の展開を書き記した著作だが，それと密接に結びついているのがプランクの認識論である．19世紀後半のドイツの自然科学者に大きな影響を与えた思想は，エルンスト・マッハ(1838-1916)の実証主義であった．プランクもその例にもれず，彼の言うところによれば，キール時代(1885-89)に自分自身をマッハ哲学の擁護者のひとりに加えた．プランクはかつて，1890年代のドイツでヴィルヘルム・オストヴァルト(1853-1932)を中心に広められたエネルギー論（エネルゲティーク）の立場に与していた．しかし，1895年

には，それに対して十分批判的となり，ルートヴィヒ・ボルツマン（1844-1906）とともに原子論（アトミスティーク）を支持するに至る．

プランクは認識論に関する講演を多く行なったが，その最初は 1908 年，ライデン大学での講演「物理学的世界像の統一」であった．それは物理学的世界像，すなわち統一論的世界体系というものが根本的には何を意味するのかを問うもので，彼は単に便宜的なもの，根本的には精神の随意な想像物でしかないとするマッハ流の立場に反対し，独立した実在的な自然現象を模写するものであるという見解をとる．この講演の内容は，プランクの科学認識論の生涯を通じての骨子となった．この講演録は，1913 年のベルリン大学総長就任講演「物理学的認識への新しい道」，さらにはノーベル賞受賞講演などとともに，

Vorträge und Erinnerungen, Leipzig, Hirzel, 1933.

に収められている．その第 5 版の邦訳が，『現代物理学の思想——講演と回想（全 2 巻）』田中加夫ほか訳（法律文化社，1971，73 年）として刊行されている．

しかし，量子力学の誕生とその発展にともなって，プランクの物理学的世界像の理念も根本的に検討されざるをえなくなる．彼はいくつかの講演で因果律の再検討を行なうが，あくまでも当初の立場を固持した．量子力学に関しては，1940 年に波動力学と粒子力学との総合の試みについて論じた 3 編の論文がある．

以上の論文や講演はすべて，全3巻からなる全集，

Physikalische Abhandlungen und Vorträge,

　　　　Braunschweig, Friedr. Vieweg & Sohn, 1958.

に収められている．

2　プランクの初期の研究——熱力学と熱輻射

第2法則の検討

　前節でふれたように，物理学者としてのプランクはクラウジウス論文を独習することによって形成された．1879年の学位論文の冒頭は，次のように書き始められている．

　「熱と仕事との等量を表わす力学的熱理論の第1法則は，エネルギー保存の原理に基づいており，したがってまた，自然のあらゆる過程において不変のままとどまるような量を扱う．これに反し第2法則は，自然がその過程を常に明確な意味で一定方向にのみ進めようとする場合に従う法則を表わしている．これによれば，世界は一度占めたことのある状態に回帰することは不可能になる．自然のあらゆる変化に現われる，この方向の意味を数学的に確立すること，それが第2法則をもっとも一般的な形で意味づけることである．」[*1]

　こうしてプランクは，初めの15年あまりを熱力学の第2法則を明確化し詳細に検討し，それを個々の問題に適用することに捧げた．その間，クラウジウスの弟子として熱力学の第2法則を絶対視し，同じようにエントロピーと非可逆性

の問題に関わりながらも，ボルツマンによる統計法則としての第2法則の再定式化には同意しなかった．自然過程の絶対的に確かな性質であるはずのエントロピー増大がむしろずっと確率的なものだというボルツマンの考えを，プランクは認めることができなかったのである．

　プランクはさしあたって熱力学というせまい範囲に研究を限っていたが，じつはもっと広い範囲で自然現象全体を熱力学に基づいて考察するという遠大な構想をもっていた．上の引用文からもみてとれるように，彼は自然現象を2つの型，すなわち1つはエネルギー保存則に関連して不変のままにとどまる量が扱える過程，2つは第2法則に関連して，その変化が一定方向にのみ進む過程に大別した．

　プランクが研究を開始した19世紀後半には，力学を中心に電磁気学，光学，熱力学といった，いわゆる古典物理学の体系化が進んだが，これらの理論が解決してきた大半の現象は，エネルギー保存則に基づいて統括的に扱われる過程に属していた．それに対して，第2法則に関連する過程は当時ようやく注目されはじめたばかりで，まだ十分には解明されておらず，その原理的基礎づけはまったく不十分なものであった．プランクがこの種の過程に注目したのは当然のことであったといえる．熱輻射の研究も，彼のこうした熱力学の基礎づけの研究の一環としてとらえられるべきであろう．

　"*Vorlesungen Über Thermodynamik*"（『熱力学講義』）の序文は1897年4月に書かれたが，そこでプランクは，熱力

学的理論を展開するのではなく，当時議論されていた熱の本性についての一定の仮説（熱素説）からは離れて，一般的な経験的事実，すなわち熱力学の2つの法則から直接出発するのだと，自らの方法を特徴づけている．しかしこのとき彼は，気体分子運動論が熱力学的過程の本性に一層深く立ち入ることができるのを認めていた．ただ，そこにはいまのところ，主として熱力学の基本原理の力学的解釈における重大な困難が立ちはだかっていると思っていた．「ここでの自分の扱いは最終的なものではなく，やがては力学的理論か電磁気学的理論に屈して従うことになろう」と考えていたのである．

熱輻射への注目

　ここでプランクが熱力学の第2法則の電磁気学的基礎づけの可能性について言及したのは，すでに開始されていた熱輻射の研究の見通しがあったからである．彼は熱輻射論に関する2つの論文を提出していた．

　第一は，1895年3月，ベルリン科学アカデミーに提出された論文で，波長に比べて小さな線形振動子（ヘルツの電気双極子．プランクはこれを共鳴子とも呼んでいる）による平面電磁波の共鳴散乱について論じている（論文リスト1参照）．この研究がそれまでの熱力学研究から逸れたものであることは，彼がこの論文の最後に，「じつのところ黒体輻射の問題に関心があるのだ」と書いていることからもわかる．これ

は，閉じた容器内の輻射の平衡状態を保持するためのメカニズムとして散乱過程を考える予備的考察であった．

　第二は，1896年2月に報告した，線形振動子の輻射減衰の分析である（論文リスト2参照）．プランクはここで，振動子の普通の摩擦や電気抵抗による減衰と輻射減衰との違いに強く印象づけられていたようである．輻射減衰は，熱へのエネルギー変換をまったく含まない，完全に保存的なメカニズムである．プランクは，輻射減衰の保存的メカニズムによって非可逆性が説明できると考えたのである．

　そして，1897年2月，プランクは輻射における非可逆的現象についての論文を発表する．これはその後，1899年まで連綿とつづく5編からなる論文の第1編であった（1901年には補足編も加わる．論文リスト3-7，および16参照）．詳細にわたる序文には，保存作用による非可逆過程の解明という研究計画が示されており，これは前年の論文で予告した問題に，彼が本格的に取り組みはじめたことを意味していた．

　プランクはその論文を，保存的相互作用によって支配される系が，いかにして熱力学的平衡状態に非可逆的に達するかを説明できた人はいないと主張することから始める．彼はボルツマンのH定理を，この方向での不成功な試みとして退け，ボルツマンの分析に対して弟子のツェルメロが行なった批判を引用する．そうして，反射壁をもつ容器中の輻射と荷電振動子とからなる系に対して熱力学の第2法則を導くプログラムを提出する．非可逆現象のメカニズムを，入射平面

波が保存的な輻射減衰のみを行なう振動子によって散乱され，球面波として放出されるという，見かけ上非可逆的な変化に求めようというのであった．振動子の励起・減衰に一方向性を担わせるのである．このプログラムの最終目標は，統計的な考察に訴えないで完全に保存的な系に対する非可逆性を説明することであった．そのなかの重要な副産物が，黒体輻射のスペクトル分布の決定であった．

　しかしながら，彼のプログラムはただちにボルツマンの決定的な批判に遭って再検討を迫られることとなる．ボルツマンは，プランクの期待を寄せた振動子のつくりだす非可逆過程が，厳密には可逆的になると指摘した．第2法則の電磁気学的基礎づけだけでは，振動子と輻射とからなる系において平衡への非可逆的接近が起こることを証明できないのである．それはちょうど，力学だけでは気体分子が熱力学的平衡に非可逆的に近づくことを証明できないのと同じであった．つまり，第2法則の基礎となる電磁気学的理論は，適当な統計的仮定によって補われねばならないのである．

　プランクは結局，彼のプログラムを最後まで遂行しようとするかぎり，なんらかの統計的仮定が必要であることを認め，彼が「自然輻射」と呼ぶものを導入した．これは，輻射のフーリエ成分の間には相互関係がないという無秩序性の仮定であって，ボルツマンが気体分子運動論で行なった「分子的無秩序」の仮定の類似物であった．こうしてプランクは，彼が当初望んでいたようにではなかったが，一応は目標に到

達できる道を見出したのである.

エネルギー要素の仮定

そこで，プランクの行なったことを今日の観点で少し整理して見てみよう. 一定温度 T に保たれた壁で囲まれた容器内で熱力学的平衡にある黒体輻射を記述する基礎的な量は，スペクトル分布関数 $\rho(\nu, T)$ である. ここで $\rho(\nu, T)d\nu$ は振動数 ν と $\nu+d\nu$ の間にある輻射の単位体積当たりのエネルギーを表わす. すでにキルヒホッフは輻射の性質が関数 $\rho(\nu, T)$ によって表わされるように，輻射は平衡にある物体の温度にのみ依存し，物体の種類や他のさまざまな性質にはまったく依存しないということを示していた. 1894 年には，ヴィルヘルム・ヴィーン (1864-1928) が熱力学的方法に光の電磁理論を組み合わせて，$\rho(\nu, T)$ は必ず，

$$\rho(\nu, T) = \nu^3 f\left(\frac{\nu}{T}\right) \tag{1}$$

という形をとらねばならないことを示した. f はただ 1 つの変数 ν/T の関数である. この結果，すなわちヴィーンの変位則は，ある 1 つの温度でのスペクトル分布が知られさえすれば，他のすべての温度に対してもそれが決まることを示している. さらに，この変位則は単位体積当たりの全エネルギー，すなわち全振動数についての $\rho(\nu, T)$ の積分が T^4 に比例せねばならないという，すでにヨゼフ・シュテファン (1835-93) によって経験的に見出され，ボルツマンによって

理論的に導かれていた結果（シュテファン–ボルツマンの法則）を
も含むものであった.

　そして，これらのほかにプランクの作ろうとしていた理論
が最終的に導かなければならない重要な結果，すなわちヴィ
ーンの式があった. 1896 年，ヴィーンは次のような分布則
の具体的な形を提案していた（簡単のため指数は exp 表示とす
る）.

$$\rho(\nu, T) = \alpha\nu^3 \exp(-\beta\nu/T) \qquad (2)$$

ここで，α, β は定数である. これはプランクが望んでいた
ような方法で導かれたのではなかったが，当時得られていた
測定結果を非常によく説明できた.

　そこでまずプランクの得た基本的な結果のひとつは，温度
T におけるスペクトル分布関数 $\rho(\nu, T)$ と，振動数 ν をもつ
振動子の平均エネルギー $U_\nu(T)$ との間に，

$$\rho(\nu, T) = \frac{8\pi\nu^2}{c^3} U_\nu(T) \qquad (3)$$

という形の比例関係があることであった（論文リスト 7 参照）.
そこで，あとは輻射過程が非可逆的に起こることの証明と
$U_\nu(T)$ の決定，すなわち分布則(2)式の決定が残された. プ
ランクはこれらの問題を同時に，彼がのちに「熱力学的な」
と呼んだ方法によって解決する. まず非可逆性を示すため
に，プランクは振動子–輻射系のエントロピーの振舞いを研
究せねばならなかった. そのために彼は，エントロピーの形

を決める必要があった．そこで，振動数 ν，平均エネルギー U_ν の1個の振動子のエントロピーを，

$$S = -\frac{U_\nu}{a\nu} \log \frac{U_\nu}{eb\nu} \qquad (4)$$

と定義した．ここで，a，b は定数，e は自然対数の底である．プランクはこの式を任意に決めたわけではなく，本書§153にあるように，(3)式と熱力学の関係 $1/T = \partial S/\partial U$（本書§126）を用いることにより，ヴィーンの式(2)から得ている．こうして振動子のエントロピー S と輻射のエントロピーとを使って系の全エントロピーの時間変化を計算して，それが決して負にならないこと，すなわち非可逆性を示した．また，全エントロピーがさまざまな振動数の振動子間の仮想的なエネルギー変換に関して安定であると要請することから，ヴィーンの式を理論的に導いた．この結果は，エントロピーの定義式(4)とヴィーンの式(2)に対するプランクの信頼を大いに高めることとなった．

　プランクは5編の論文の最後で以上の結論を得たのち，それらのまとめとなる論文を1899年11月に書いた（発表は翌年．論文リスト8参照）．しかし，この論文の校正をする前に，長波長域でのヴィーンの式からのずれを示す，オットー・ルンマー(1860-1925)とエルンスト・プリングスハイム(1859-1917)の測定結果を知る．プランクは彼らの実験について注に加え，他方であらためてヴィーンの式の検討を行ない，別の論文を書いた（論文リスト9．本書§189参照）．1900

年3月のことである．そして，ここでの結果もヴィーンの
式の正しさをさらに確認するものだと彼は信じた．この論文
では，

$$\frac{\partial^2 S}{\partial U^2} = -\frac{\alpha'}{U^2} \quad (\alpha' > 0) \tag{5}$$

という関係を結論し，これからエントロピー S の定義式(4)
とヴィーンの式(2)が導かれることを確かめた．

　しかし，その年の10月に，ルーベンスとカールバウムに
よる長波長域でのヴィーンの式からの決定的なずれを示す
実験が出るに及んで，プランクとしてもその改良を試みな
いわけにいかなくなった．彼は新しく得られた長波長域での
$\rho(\nu, T)$ が T に比例することから，(5)式を

$$\frac{\partial^2 S}{\partial U^2} = -\frac{\alpha'}{U(\beta + U)} \tag{5}'$$

とおくことによって，ヴィーンの式(2)を次のように変更す
ればよいことを見出した：

$$\rho(\nu, T) = \frac{\alpha \nu^3}{\exp\left(\dfrac{\beta \nu}{T}\right) - 1} \tag{6}$$

　ルーベンス-カールバウムの測定結果をあらかじめ口頭で
伝えられていたプランクは，数日のうちに(6)式を得て，こ
の測定結果が報告された1900年10月のドイツ物理学会に
追加公演を申し出て，この新しい形の式を提出したのである
（論文リスト10．本書§189参照）．

　こうしてプランクは，以前，自分がヴィーンの式を導いた
ときは推論に間違いがあったに違いないと考え，理論の基
礎の再検討に没頭した．それは同時に，新しい式の理論的基
礎を求める努力でもあった．そして約2か月後，1900年12
月14日のドイツ物理学会で彼はその結果を発表した(論文リ
スト13参照)．この講演において初めて，エネルギー要素(本
書§148参照)の考えが導入されたのである．

　なお，エネルギー要素とはいわゆるエネルギー量子のこと
だが，プランク自身は「エネルギー量子」という言葉を使っ
ていないことに注意されたい．プランクによるエネルギー
要素の仮定がもつ画期性に気づき，その意義を見出したのは
アインシュタインである．アインシュタインは1906年の論
文で，プランクはその輻射理論のなかに物理学上の新しい仮
説，すなわち光量子仮説(エネルギー量子仮説)を導入したと
指摘している(後述)．

プランクの式と普遍定数 h

　さて，振動数 ν の N 個のまったく同じ振動子が，同じ振
動数の空洞輻射を介して相互にエネルギーを交換している
とする．従来の理論とは異なり，プランクはここではっきり
とボルツマンの考えに立ってエントロピーは無秩序に依存
すると述べ，1個の振動子のエントロピーは，全エネルギー
を多数の振動子に同時に配分する仕方の数によって規定さ
れるであろうと明言する．その数(コンプレクシオンの数．本書

§136 参照)は，ボルツマンの確率論的な考察に従って計算される．すなわち，1 個ずつが大きさ ε のエネルギーをもつ P 個のエネルギー要素を，N 個ある振動子に配分する方法を組合せ論で求め，振動子の平均エネルギーを算出する．これから，プランクの式

$$\rho(\nu, T) = \frac{8\pi h\nu^3}{c^3} \frac{1}{\exp\left(\dfrac{h\nu}{kT}\right) - 1} \tag{7}$$

が得られる．このときプランクは，各エネルギー要素のエネルギーの大きさ ε を，

$$\varepsilon = h\nu \tag{8}$$

と仮定している．ここに初めて，普遍定数としてのプランク定数 h が現われたのである(本書 §148 参照)．

　以上が，1900 年 12 月に提出されたプランクの報告要旨であるが，そこでは具体的な計算は示されていない．やや複雑なその計算は，1901 年 1 月の論文(論文リスト 14 参照)で示された．そこでは上の 2 つの論文を総括し，詳しく論じられている．この論文で初めて，ボルツマンの関係と呼ばれる，

$$S = k \log W$$

の式が姿を現わす．プランクは，分布関数 ρ と振動子の平均エネルギー U_ν との関係式(3)を導きながら，U_ν に対して

気体分子運動論からの結果(エネルギー等分配則)を用いることなく，彼の言う「熱力学的方法」という回り道をしたことによって，エネルギー要素という重要な仮定を導入することができたのである.

レイリー–ジーンズの式

気体分子運動論によれば，どんな分布式が得られるかということは，プランクより先立つ数か月前，1900 年 6 月にレイリー卿(1842-1919)が示していた[*2]. レイリーはエネルギー等分配則を全面的に信頼していたわけではなかったが，少なくとも長波長の電磁波の振動のモードには適用できるだろうと考えた. そこで彼は，ν と $\nu+d\nu$ との間の振動数をもつ電磁波の振動のモード数を勘定し，それが $\nu^2 d\nu$ に比例することを指摘した. これにエネルギー等分配則を適用すれば，分布関数は $\nu^2 T$ に比例することになる. すべての振動数に適用すると無限大のエネルギー密度となってしまうことは明らかであった. そのためレイリーは，完全な分布式は，

$$\rho(\nu, T) \propto \nu^2 T \exp\left(\frac{-\beta\nu}{T}\right)$$

という形になるだろうと考えた. このレイリーの考えに沿った厳密な理論は，ジェイムス・ジーンズ(1877-1946)によって 1905 年に提出されることになる[*3]. レイリー–ジーンズの式,

$$\rho(\nu, T) = \frac{8\pi\nu^2}{c^3}kT \qquad (9)$$

である(本書 §165 参照).

　教科書などではよく, プランクの式は, ヴィーンの式とレイリー–ジーンズの式との内挿式であるとか, レイリー–ジーンズの式の短波長域での測定結果との不一致(紫外カタストローフ)を補完するものであるとか, 古典物理学の困難を打開するために提出されたものであると書かれている. たしかに論理的にはそう言えるであろう. しかし実際には, 上で述べたように, プランクが迫られていたのはヴィーンの式の改良であった.

　後世の視点からすれば, プランクはあたかも, レイリー–ジーンズの式と一致する長波長域での測定結果に合わせようとしているように見えるから, 物理学的に見れば内挿式であるには違いない. ところが, プランクはレイリー–ジーンズの式というものが存在することを知らなかった. プランクの式(7)が示される数か月前に出されたレイリーの式は知っていたようだが, プランクの知っていたレイリーの式は指数関数に修正が加えられた形の式であった. また, レイリーの式はヴィーンの式よりも長波長域における測定結果との一致が悪かった. したがって, 1900 年当時, ヴィーンの式とレイリー–ジーンズの式とを内挿的につなぐという問題意識は, プランク自身にはなかったといえる. 理論を論理的にたどることで得られる認識と, 理論が生まれる過程を歴史的にたど

って得られる認識とは，しばしば異なることがあるのを忘れてはならない．

3 エネルギー要素と光量子仮説

気づかれない革命

革命的な考えというものは，必ずしもそれが提出された当初からそのようなものだと認識されるわけではない．プランクのエネルギー要素の仮定の場合もそうであった．

プランクの式は実験の測定結果とよく合うことで受け容れられたが，その基礎として導入されたエネルギー要素の仮定の方は 1906 年まで注目されなかった．当のプランク自身さえ，その根本的重要性を十分理解していたわけではなかった．むしろプランクは，その仮定を導入したことで現われる定数 h の存在を，普遍定数 k (ボルツマン定数)とともに重視していたようである(本書 §149 参照)．彼にとって，振動子のエネルギーは有限の要素の整数倍しかとれないという仮定はあくまで全エネルギーを多くの振動子に配分する仕方の数(コンプレクシオンの数)を計算するために必要な，数学的・形式的な仮定であった(本書 §148 参照)．そのうえ，その仮定を適用する振動子として，原子や分子といった何らかの実在物を想定していたわけではなかったから，なおさら，その仮定のもつ深刻な意味について考察する必要を感じていなかったのである．

　他方，一般的な背景として，1900 年という時点において，熱輻射の問題は物理学全体のなかでそれほど関心をもたれていなかったこともある．X 線の発見(1895 年)，放射能の発見(1896 年)，電子の発見(1897 年)，ラジウムの発見(1898 年)などを挙げれば明らかなように，物理学者の多くはこれら驚くべき諸発見に注意を向けていたと考えられる．ところが，原子ばかりかその構成要素までが実験家の間で現実的な問題となっていたにもかかわらず，ドイツでは主導的な理論家の多くが原子論に反対しているという状況があった．程度の差こそあれ，オストヴァルト，マッハ，デュエムといった人びとが，ボルツマンを中心に進められていた気体分子運動論や原子論的物理観を否定していたのである．

アインシュタインの光量子仮説

　すでに述べたように，プランクは当初，エネルギー論(エネルゲティーク)の人びとに与していた．それが，ボルツマンの研究内容に全面的に同意していたわけではなかったものの，1895 年にはボルツマンの側に立ち，エネルギー論を批判するようになった．1900 年には，ボルツマンの考えを取り入れて論文を書いたが，そのボルツマン的な論調ゆえに，当時のドイツで「量子」の概念の重要性に対する理解が遅れたことは十分考えられる．それはドイツに限らない．イギリスではレイリーとジーンズがプランクの式に注目していたが，2 人ともプランクのエネルギー要素の仮定には関心を示

さなかったようにみえる.

プランクの理論の根本的重要性を初めて理解したのは，アインシュタインであった．彼は1905年の春に有名な3つの論文を書いたが，3月に提出したその第1論文[*4]で，古典物理学から求められる分布式と測定結果との不一致，および無限大の輻射エネルギーという内部矛盾を指摘している．ジーンズがレイリーの式を理論的に明らかにしたのと同時期である．同様の矛盾は，すでに見たように，レイリーも気づいていたが，アインシュタインはそれを知らなかった．アインシュタインは「紫外カタストローフ」という言葉こそ使っていないが，この問題を初めて理論的に明確に指摘したといえる．

さらに，アインシュタインは独自に，光量子仮説に到達していた．彼は，プランクの式における非古典論的な部分である，ヴィーンの式が成り立つ短波長域での輻射は，$h\nu$（のちにみるように，彼はプランク定数 h を使っていない）のエネルギーをもつ粒子からなるかのように振る舞うと仮定したのである．プランクのエネルギー要素が，輻射そのものにではなく，仮想的な振動子のエネルギーに限られた仮定であったことを考えれば，実在する光にそれを適用するアインシュタインの光量子仮説は，はるかに現実的でラディカルな意味をもっていた．

プランクとアインシュタインの相違

　ここで注意しておきたいのは，問題意識も推論の展開もプランクとはまったく異なる道筋を通って，しかもプランクのエネルギー要素の仮定とは独立に，アインシュタインが光量子仮説に到達していたことである．この 1905 年の時点において，アインシュタインはプランクの輻射公式に目を向けてはいても，プランクのエネルギー要素の仮定には注意していない．

　アインシュタインは，先の第 1 論文を次のような文章で始める．「気体その他の秤量できる物体〔可秤量物体〕について物理学者がまとめ上げてきた理論的描像と，いわゆる空虚な空間での電磁的過程に関するマクスウェルの理論との間には，根本的な形式上の差異が存在する」(高田誠二訳)．原子や電子からなる本質的に離散的な物質と，本質的に連続的な電磁波(光)との間の形式的な不整合性を問題にするというのである．彼は，紫外線による陰極線の発生(光電効果)，蛍光・燐光のストークスの法則，黒体輻射といった瞬間的に起こる光の発生と変換に関係する現象は，エネルギー量子，すなわち光量子の存在を仮定することによって正しく解釈できるのではないかと述べる．そして，光波(熱輻射)の各振動数にエネルギー等分配則を適用して得られる分布式(レイリーの式)では，いわゆる紫外カタストローフが起こると指摘する．

　この困難を強調したあと，アインシュタインは古典論の成り立たない領域，つまりヴィーンの式の成り立つ短波長域の

輻射にだけ注目する．その領域の輻射と理想気体分子の統計
的振舞いを比較することにより，その領域の輻射は，互いに
独立で大きさが $R\beta\nu/N$ のエネルギー量子からできている
ように振る舞うと結論する．ここで，R は気体定数，N は
アボガドロ数，β はヴィーンの式の中の１つの定数である．
R/N はボルツマン定数 k であるが，アインシュタインはボ
ルツマン定数 k もプランク定数 h も用いていない．プラン
クの式(8)と比較すると $k\beta = h$ であるから，アインシュタ
インの言うエネルギー量子とは，プランクのエネルギー要
素と同じものであることがわかる．しかし，先に述べたよう
に，プランクのエネルギー要素の仮定に注目していないアイ
ンシュタインは，この時点ではまだ，そのことに言及してい
ない．

　一方，プランクは本書§154の注(第４部 *14)において，
レイリーの式の困難をアインシュタインが強調していると
指摘するが，光量子仮説については何も言っていない．プラ
ンクは本書でニュートンの光粒子説に基づいてマクスウェ
ルの輻射圧の計算を試みているから(本書§60参照)，そこで
引用されてもよいはずだが，まったくふれられていない．プ
ランクが初めてアインシュタインの光量子仮説に言及したの
は，本書が刊行されて３年後の1909年，コロンビア大学で
行なった講義においてではないかと思われる．彼はそこで，
ラディカルすぎると言って，これを退ける発言をしている．

　エネルギー要素の仮定を導入したプランクが，アインシュ

タインの光量子仮説に無関心でいられるはずはないのだが，彼はその重要性に気づかなかったのだろうか．もちろん，言及していないことがその証となるわけではないが，先に述べたように，アインシュタインが当初，プランクのエネルギー要素の仮定に注目していなかったことと合わせて考えると，2人の問題意識の違い，推論展開の仕方の相違に思い至らざるをえない．

しかし，アインシュタインは光量子仮説についてさらに考察を進め，プランクの式との関係を論じることによって，プランクの理論はまさに光量子仮説を導入しているとの結論に達する[*5]．1906年3月，おそらくプランクが本書のまえがきに「ミュンヘン，1906年復活祭」と記していたのと同じ頃である．エネルギー要素の仮定がもつ画期的な意義を最初に確認したのは，プランク自身ではなくアインシュタインであった．

さらに付け加えると，アインシュタインはその年の終わりに，プランクの振動子の平均エネルギーを固体中の原子の振動に適用して，固体の比熱の理論を提出した(発表されたのは1907年)．この研究は，量子論導入の重要性が物理学界に広く受け入れられる道を拓くことになった．

文献注

*1　M. Planck, *Über den zweiten Hauptsatz der mecha-*

nischen Wärmetheorie, Inaugural diss. München, 1879.

*2 Lord Rayleigh, Remarks upon the Law of Complete Radiation, *Phil. Mag.* **49** (1900), pp.539-540.（辻哲夫訳.『物理学古典論文叢書 1 熱輻射と量子』東海大学出版会，1970 に収録）

*3 J. Jeans, On the Partition of Energy between Matter and Æther, *Phil. Mag.* **55** (1905), pp.91-98.

*4 A. Einstein, Über einen die Erzeugung und Verwandlung des Lichtes betreffenden heuristischen Gesichtspunkt, *Ann. d. Phys.* **17** (1905), pp.132-148.（高田誠二訳.『物理学古典論文叢書 2 光量子論』東海大学出版会，1969 に収録）

*5 A. Einstein, Zur Theorie der Lichterzeugung und Lichtabsorption, *Ann. d. Phys.* **20** (1906), pp.199-206.（広重徹訳.『物理学古典論文叢書 2 光量子論』東海大学出版会，1969 に収録）

参考文献

天野清『量子力学史』日本科学社，1948（のち中央公論社，自然選書，1973）．

天野清『科学史論』日本科学社，1948.

Heilbron, J. L., *Max Planck — Ein Leben für die Wissenschaft 1858-1947*, S. Hirzel Verlag, 1988.

Hermann, A., *Frühgeschichte der Quantentheorie (1899-1913)*, Baden, 1969.

広重徹『物理学史 I, II』培風館，1968.

広重徹・西尾成子，Bohr の原子構造論の起源，科学史研究，
    No.71 (1964), pp.97–108.

広重徹・西尾成子，Bohr 原子の起原と Planck の輻射理論，
    科学史研究，Vol.10, No.97 (1971), pp.7–14.

Jammer, M., *The Conceptual Development of Quantum
    Mechanics*, New York, 1966. 改訂増補版 AIP, 1989 (ヤ
    ンマー『量子力学史 1, 2』東京図書，1974).

Kangro, H., "Planck" in *Dictionary of Scientific Biog-
    raphy*.

Kangro, H., *Vorgeschichte des Planckschen Strahlungs-
    gesetzes*, Wiesbaden, 1970.

Klein, M. J., Max Planck and the Beginnings of the
    Quantum Theory, *Arch. Hist. Exact Sci.* **1** (1962),
    459.

Klein, M. J., *Paul Ehrenfest I*, Amsterdam, London,
    New York, 1970.

小長谷大介『熱輻射実験と量子論の誕生』北海道大学出版
    会，2012.

Kuhn, T., *Black-Body Theory and Quantum Disconti-
    nuity*, Oxford UP, 1978, extended ed.　University of
    Chicago Press, 1987.

Mehra, J. and Rechenberg, H., *The Historical Develop-
    ment of Quantum Theory.* Vol. 1, Part 1, Springer
    Verlag, 1982.

Nisio, S., The Formation of the Sommerfeld Quantum

Theory of 1916, *Jpn Stud. Hist. Sci.*, No.12 (1973), p.39.

Planck, M., *Vortrage und Erinnerungen*, Leipzig, Hirzel, 1933.

Rosenfeld, L., La premiere phase de l'evolution de la Theorie des Quanta, *Osiris* **2** (1936), p.149.

高林武彦，プランク──現代物理学の創始者(2)，自然，17巻11号(1962)，p.98；12号(1962)，p.97(のち『現代物理学の創始者』みすず書房，1988に収録).

高田誠二『プランク』(人と思想100)清水書院，1991.

田村松平『プランク』弘文堂，1950.

辻哲夫，熱輻射論と古典理論の変換(辻哲夫ほか『現代物理学の形成』東海大学出版会，1966に所収).

訳者あとがき

　本書『熱輻射論講義』初版が刊行されて5年後の1911年10月，ベルギーのブリュッセルにおいて第1回ソルヴェイ会議が開かれた．ヘンドリック・ローレンツ(1853-1928)を議長とするこの会議には，プランクをはじめ，アインシュタイン，ヴィーン，ネルンスト，ゾンマーフェルト，ジーンズ，ポアンカレなど，当時第一線の物理学者らが出席した（レイリー卿は出席を辞退）．

　量子論の歴史に画期をもたらすこととなる同会議のテーマは「輻射および量子の理論」であった．会議の冒頭，ローレンツは，「エネルギー等分配則の輻射への応用」と題する報告のなかで，熱輻射の問題に対して従来の力学および電磁気学は無力であると結論づけている．ここに初めて，物理学の中になんらかの「不連続性」を導入することが不可避であり，物理学の基礎は深刻な危機にさらされているとの認識が，公式に表明されるに至ったのである．こうした認識は，2年後の1913年，ニールス・ボーア(1885-1962)の原子構造に関する量子論によって，より一層深められることとなる．

　同会議ではプランクも演壇に立ち，熱輻射の問題について論じている．しかし，その内容は1900年に彼が提示した理論とは異なる認識を示すものであった．プランクは，普遍定数 h（彼が呼ぶところの「作用要素」．本書 §149 参照）を理論に導

入するに際しては，可能なかぎり保守的に行なうべきとの立場にたつ．そのうえで，原子的な系におけるエネルギーの放出・吸収は，放出過程のみが不連続的であり，吸収過程は従来どおり連続的であるとの考え方にもとづき，自身の理論の実質的な修正を表明している（1913 年刊行の本書第 2 版は，その修正理論をもとに改訂されている）．この修正理論はいわば古典物理学との接合案で，この時点においてもなお，プランクは「不連続性」に対して一定の留保を付けずにいられなかったことがわかる．

じつにプランクらしい慎重な態度だが，そうした保守的かつ慎重な研究者が，期せずして物理学に一大変革をもたらす契機を生み出したことに，科学という営みの妙味を感じるのは訳者だけではあるまい．

本訳書は，1975 年に東海大学出版会（現在は東海大学出版部）より刊行された拙訳『熱輻射論』（「物理科学の古典」第 7 巻）を岩波文庫の 1 冊として再刊したものである．今回，本の邦題は原書にもとづいて，『熱輻射論講義』と改めることにした．巻末の索引は訳者が独自に作成したものである．

なお，再刊にあたっては，明治大学政治経済学部の稲葉肇氏（科学史）のご助力をえて必要な修正を加えた．ここに記して稲葉氏に御礼を申し上げたい．

本訳書の最初の刊行時，恩師の広重徹先生より折にふれて激励の言葉をいただきつつ翻訳に取り組んだことを今も思い出す．また，「物理科学の古典」シリーズの責任編集をなさ

れた辻哲夫先生は，当時まだ若かった訳者に本書の翻訳をすすめてくださった．亡き両先生にあらためて御礼を申し上げたい．最後に，本書を再刊する機会をつくっていただいた，岩波文庫編集長の永沼浩一氏に感謝申し上げる．

　2021 年 4 月

西尾成子

本文索引

熱輻射論講義　マックス・プランク著
（ねつふくしゃろんこうぎ）

2021 年 6 月 15 日　第 1 刷発行

訳　者　西尾成子（にしおしげこ）

発行者　坂本政謙

発行所　株式会社 岩波書店
　　　　〒101-8002 東京都千代田区一ツ橋 2-5-5

　　　　案内 03-5210-4000　営業部 03-5210-4111
　　　　文庫編集部 03-5210-4051
　　　　https://www.iwanami.co.jp/

印刷 製本・法令印刷　カバー・精興社

ISBN 978-4-00-339491-5　Printed in Japan

読書子に寄す

——岩波文庫発刊に際して——

真理は万人によって求められることを自ら欲し、芸術は万人によって愛されることを自ら望む。かつては民を愚昧ならしめるために学芸が最も狭き堂宇に閉鎖されたことがあった。今や知識と美とを特権階級の独占より奪い返すことはつねに進取的なる民衆の切実なる要求である。岩波文庫はこの要求に応じそれに励まされて生まれた。それは生命ある不朽の書を少数者の書斎と研究室とより解放して街頭にくまなく立たしめ民衆に伍せしめるであろう。近時大量生産予約出版の流行を見る。その広告宣伝の狂態はしばらくおくも、後代にのこすと誇称する全集がその編集に万全の用意をなしたるか。千古の典籍の翻訳企図に敬虔の態度を欠かざりしか。さらに分売を許さず読者を繋縛して数十冊を強うるがごとき、はたしてその揚言する学芸解放のゆえんなりや。吾人は天下の名士の声に和してこれを推挙するに躊躇するものである。この際断然実行することにした。吾人は範をかのレクラム文庫にとり、古今東西にわたって文芸・哲学・社会科学・自然科学等種類のいかんを問わず、いやしくも万人の必読すべき真に古典的価値ある書をきわめて簡易なる形式において逐次刊行し、あらゆる人間に須要なる生活向上の資料、生活批判の原理を提供せんと欲する。この文庫は予約出版の方法を排したるがゆえに、読者は自己の欲する時に自己の欲する書物を各個に自由に選択することができる。携帯に便にして価格の低きを最主とするがゆえに、外観を顧みざるも内容に至っては厳選最も力を尽くし、従来の岩波出版物の特色をますます発揮せしめようとする。この計画たるや世間の一時の投機的なるものと異なり、永遠の事業として吾人は微力を傾倒し、あらゆる犠牲を忍んで今後永久に継続発展せしめ、もって文庫の使命を遺憾なく果たさしめることを期する。芸術を愛し知識を求むる士の自ら進んでこの挙に参加し、希望と忠言とを寄せられることは吾人の熱望するところである。その性質上経済的には最も困難多きこの事業にあえて当たらんとする吾人の志を諒として、その達成のため世の読書子とのうるわしき共同を期待する。

昭和二年七月

岩波茂雄